幼儿园

Kindergarten

带量营养食谱

Nutritious diet

缪风雅 主编

宁波出版社
NINGBO PUBLISHING HOUSE

图书在版编目（CIP）数据

幼儿园带量营养食谱/缪凤雅主编.— 宁波：宁波
出版社，2016.6（2020.8重印）

ISBN 978-7-5526-2498-4

Ⅰ.①幼… Ⅱ.①缪… Ⅲ.①婴幼儿—食谱—宁波市
Ⅳ.①TS972.162

中国版本图书馆CIP数据核字(2016)第114859号

幼儿园带量营养食谱
缪凤雅⊙主编

出版发行：宁波出版社

网　　址：http://www.nbcbs.com

（宁波市甬江大道1号宁波书城8号楼6楼　邮编：315040）

责任编辑：王晓君

责任校对：刘　佳　俞　琦

责任审读：庞守江

装帧设计：翁志刚

印　　刷：浙江新华数码印务有限公司

开　　本：710mm×1000mm　1/16

印　　张：12.5

字　　数：130千

版次印次：2016年6月第1版　2020年8月第3次印刷

标准书号：ISBN 978-7-5526-2498-4

定　　价：55.00元

前 言

　　宁波是一座海滨城市，山海相错的地理位置、密集的江河湖泊、四季分明的气候、肥沃的土壤、便捷的海陆交通，这些优越的自然条件造就了丰富多样的食材，山珍、海味、河鲜、时蔬和来自海外的各种特产，为宁波菜点的形成与发展提供了丰富的食物资源。在专业烹饪人士和美食爱好者的倡导下，老百姓的餐桌上呈现出一道道靓丽的风景线。

　　随着生活水平的提高，健康理念越来越受到的人们的重视和关注，而饮食又是促进健康的重要手段之一。科学的饮食方式、规范合理的烹调加工对于保障人民健康、促进幼儿生长发育起着至关重要的作用。

　　从国家到社会及至每一个家庭，都期待下一代能够健康成长，这既是国家的未来和家庭的希望，又是人们的职责。现在幼儿、学龄前儿童及学生的营养和膳食状况更是人们所关注的，尤其是学龄前儿童，用怎样的模式和内容来服务他们？应该说今天的条件比以往任何时候都好，但条件和效果之间往往不能统一，有时候甚至适得其反。这需要用科学来引导。

　　在宁波市教育局的高度重视下，从2013年起市教研室针对学龄前儿童的生长发育特点和幼儿园膳食管理、运行模式开展广泛的社会调研，结合社会人士、幼教机构和家长代表的意见，在原有运行模式基础上提出了更科学、更合理、更规范的指导意见，邀请了妇幼保健、营养和烹饪方面的专家学者以及园长、保健医生等共同着手编写了适合学龄前儿童发育特点的膳食食谱。期待本书能为孩子们带来更健康、更营养的膳食结构。

　　本书收集的菜例都是用宁波常见的原材料，结合现代营养需求、加工方法，同时，遵循国家对学龄前儿童的营养保健具体要求汇聚而成。书中根据原材料的产季分为春、夏、秋、冬四季食谱，并按照原料的性质又分为畜禽蛋类、水产品类、蔬菜菌菇类、豆及制品类和主食点心五大类。菜肴和点心具有鲜明的地方特色，大多选用当地的笋、虾皮、鲳鱼等特色原材料，在加工烹调方面力求科学、规范。既保留原材料的风味，又保持和增加原材料的营养成分，同时，对传统饮食习俗中的高盐量、腌腊制品菜肴较多等作了较大程度的调整和改变。更便于学龄前儿童的食用、消化和吸收，也便于幼教机构、社会人士和家长参照执行。

　　众人拾柴火焰高，本书在编写过程中得到了宁波甬港职高、鄞州古林职高以及鄞州实验幼儿园等单位的大力帮助和指导，在此一并表示感谢。随着生活品质与生活需求的不断提高，更多人秉持健康、营养、美味的饮食理念，我们也希望本书的出版能够惠及更多家庭。

　　由于编者水平有限，书中难免存在不足之处，恳请广大读者和同行批评指正。

编者

2016年4月

目 录 CONTENTS

第一章

营养与营养素

人类为了维持生命和保证正常的生理活动，在整个生命周期中都要不断地从外界摄取各种营养素。儿童与成人不同之处是除了靠营养素以维持生命外，还要靠其来满足生长发育的需要。因此，生长发育越迅速，所需的营养素也相对越多。如果某种营养素供给不当，就会发生各类营养问题。

营养是保证儿童正常发育、身心健康的重要因素。良好的营养可促进体格生长和智力发育，营养不足或过剩则会导致生长迟缓、体重过轻或肥胖，发生营养障碍性疾病。而这一过程发展缓慢，不易及早发现。营养物质主要来自摄入的食物，因此我们必须根据儿童对营养素的生理需求，合理安排儿童的膳食。

第一节 热量、膳食营养素

中国营养学会2000年出版的《中国居民膳食营养素参考摄入量》一书将营养素分类为：热量、宏量营养素、微量营养素、其他膳食成分。

一、热量

热量是来自食物中的宏量营养素，主要由碳水化合物、脂肪和蛋白质在代谢过程中氧化所释放的能量。碳水化合物供热量16.74kJ/g（4kcal/g），蛋白质16.74 kJ/g（4kcal/g），脂肪37.66 kJ/g（9kcal/g）。

机体的各种生理活动都需要消耗热量。为保证身体的健康，充足的热量供应是至关重要的。若热量供给不足，各种营养素则无法发挥营养作用。就身体来说，儿童热量消耗可以分为以下五部分：

1. **基础代谢所需**：指人体在清醒、安静、空腹情况下，处于18~25℃温度环境中，维持生命基本活动所需的最低热量。儿童基础代谢率较成人高10%~15%，一般占总热量的50%。

2. **生长发育所需**：这部分热量消耗是儿童所特有的，且与其生长速度成正比。

3. **活动所需**：儿童活动时需要消耗热量，其量的多少与体重、活动强度、持续时间、活动类型等均有密切关系。此种热量所需波动较大，也是最容易发生变化的一部分。

4. **食物的生热效应所需**：因摄入食物引起热量代谢额外增高的现象称为食物的生热效应，即食物的特殊动力作用。儿童饮食因其蛋白质含量较高，此项所需较高，约占总热量的7%~8%，而混合饮食则大多在5%左右。

5. **排泄物中丢失的热量**：食物中的碳水化合物、蛋白质和脂肪大多不能被完全消化吸收，其代谢产物亦须从体内排出，此项热量丢失约占总热量的10%。

以上五部分热量分配比例目前尚无统一标准，一般认为基础代谢所需约占50%，体力活动和生长为35%~40%，排泄中大概丢失10%，食物特殊动力作用约为5%。我国儿童热量的推荐摄入量见《中国居民膳食营养素参考摄入量表》（2000年版）。

第二节 宏量营养素

一、蛋白质

没有蛋白质就没有生命，蛋白质是维持生命不可缺少的营养素之一。食物中的蛋白质主要用于机体的生长和组织的修复，当热量摄入不足时，蛋白质也可作为热量的来源，这样用于组织生长和修复的蛋白质必将减少，首先影响的是儿童的生长发育速度。食物的优劣也常按其蛋白质含量的多少和蛋白质质量的高低而定，这不仅因蛋白质是细胞的主要构成物质，还在于蛋白质常同时含有其他重要的营养素，如维生素和矿物质。

蛋白质经消化，分解为多种氨基酸后被吸收利用，不同的蛋白质具有不同的氨基酸模式。动植物食物的蛋白质约含有22种不同的氨基酸，其中14种人体在摄取充足的蛋白质和热量后可自行产生，而其余8种不能在体内合成，故必须从食物中摄取。这8种氨基酸名称为必需氨基酸（亮氨酸、异亮氨酸、赖氨酸、蛋氨酸、苯丙氨酸、苏氨酸、缬氨酸、色氨酸）。供给各种必需氨基酸时，不仅相互间的比例要合适，而且要在同一时间内供应，才能达到最高利用率。如果必需氨基酸中某种氨基酸含量相对较低，则当此种氨基酸用完后，剩出的其他种类的氨基酸也就不能被利用，会被身体代谢排出体外浪费掉，综合起来，此蛋白质的生理价值就低。与人体参考蛋白质模式接近、必需氨基酸种类齐全、比例合适的蛋白质称为优质蛋白质，如动物性食物和豆类食物。安排儿童膳食时如能同时摄入几种不同食物的蛋白质，则常可互补有无，从而提高膳食中的蛋白质的生理价值，这就是蛋白质的互补作用。如面粉与大豆同食，大豆蛋白质丰富的赖氨酸可补米面蛋白质的不足，而米面中的蛋氨酸可补大豆中的不足，从而使豆面同食时的蛋白质氨基酸模式接近参考蛋白质，大大提高了蛋白质的利用率。我国儿童蛋白质的推荐摄入量应达总热量的12%~15%，详见《中国居民膳食营养素参考摄入量表》(2000年版)。

二、脂类

脂类包括脂肪和类脂。脂肪是提供热量最多的营养素，每克脂肪提供的热量是碳水化合物或蛋白质的两倍多。脂肪还能提供脂溶性维生素，具有促进消化吸收、使食物更美味、易饱腹的作用。脂肪由甘油和脂肪酸组成。人体不能合成、必须由食物提供的脂肪酸称为必需脂肪酸，如亚油酸、亚麻酸和其衍生物，衍生物包括花生四烯酸、二十碳五烯酸、二十二碳六烯酸等。必需脂肪酸是儿童生长发育的重要物质基础，尤其对中枢神经系统、视力和认知的发育起着极为重要的作用。植物油中的必需脂肪酸比动物油中的含量多，花生油、豆油、麻油中的含量较菜油、茶油多。而动物油脂或肉类中，禽类脂肪含的必需脂肪酸较猪油为多，牛、羊的脂肪所含最少；此外，内脏高于瘦肉，瘦肉高于肥肉。人体必需脂肪酸的供给量按其提供的热量算，应占每日总热量的1%~3%，不能低于0.5%，我国儿童脂肪的推荐摄入量应达总热量的30%~35%，详见《中国居民膳食营养素参考量摄入量表》（2000版）。

三、碳水化合物

碳水化合物分为可消化的碳水化合物（糖类）和不可消化的碳水化合物（膳食纤维）两大类。可消化的碳水化合物是最重要最经济的提供热量的营养素。在以谷类为主食的地区，成人所需的60%~80%的总热量来自碳水化合物，儿童一般占50%左右。如果供应不足，机体会动用脂肪产热，使脂肪氧化不全，从而致使酮体产生过多。而糖与脂肪均不足时，则动用蛋白质产能，从而影响儿童的生长发育。膳食纤维不仅本身具有重要功能，而且在肠道益生菌的作用下发酵所产生的短链脂肪酸有着广泛的健康作用：增加饱腹感，促进排便，降低血糖和胆固醇，改变肠道菌群、诱导益生菌的繁殖。

四、微量营养素

（一）维生素

维生素虽不能提供能量，且需要量少，但它是人体所必需的营养素，对维持生长发育和生理功能有着重要的作用，可促进酶的活力或成为辅酶之一。大多数维生素不能在体内合成，必须从食物中摄取，长期摄入不足可引起缺乏症，而过量摄入有时则会引起中毒。维生素可分为脂溶性和水溶性，前者有维生素A、D、K、E，后者有B族维生素和维生素C。

1. 维生素A

其主要功能为促进生长发育、维持上皮细胞的完整性及形成视网膜内视紫质，促进全身免疫功能，保护生殖系统及维持正常骨骼、牙齿发育。维生素A只存在于动物性食物中，肝脏、蛋黄、奶油、鱼肝油中含量较高；植物性食物中只含有胡萝卜素（维生素A原），摄入后经小肠壁及肝脏转化为维生素A。胡萝卜素在橙黄色或深绿色蔬菜水果中含量较高，如胡萝卜、木瓜、芒果、深绿叶菜等。它在烹调中一般较稳定，但遇高温油炸及紫外线照射后，易氧化而导致活性消失。维生素A缺乏可引起干眼病、夜盲症、角膜溃疡和穿孔、皮肤干燥、毛发干枯、生长发育迟滞、免疫力差等不良症状，而摄入过多或在肝脏患病时，会引起胡萝卜素血症，出现皮肤发黄，尤以手足底为甚。长期服用大量维生素A（每日15毫克，5万单位）可导致维生素A中毒。

2. 维生素B₁（硫胺素）

以辅酶形式参与糖类代谢，对正常生理功能起重要的作用。缺乏时，可引发脚气病。肉、鱼、蛋、乳、豆、米、面类中含量丰富，但以谷类外皮及外胚中含量最高，精白面米则含量大减。维生素B₁溶于水，干燥时稳定，遇水易氧化破坏，食物中加碱则大量损失。加工时注意保存食物中的维生素B₁，就极少见到此类维生素缺乏症。

3. 维生素B₂（核黄素）

是许多人体重要酶的组成成分。缺乏时可出现唇干裂、口角炎、舌面光滑、舌乳头增大、阴囊或会阴炎、生长迟缓和贫血等。因维生素B₂在体内不易储存，故易缺乏。动物内脏、蛋、乳类、绿叶蔬菜、全麦及豆类中含有丰富的B₂。维生素B₂耐热耐酸，但易受光和碱的影响而破坏。

4. 维生素C

具有水溶性、极不稳定、易被氧化。在日光、碱性溶液及金属离子作用下氧化更快。在人体内参与组织氧化还原反应以及肾上腺激素、免疫球蛋白、神经递质的合成、铁的吸收及叶酸代谢。缺乏时可发生坏血病、易出血、易感染、生长停滞、伤口痊愈差。在新鲜水果蔬菜中含量丰富，尤以橘子、山楂、猕猴桃为多，番茄、青椒中含量也不少。

5. 维生素D

为一组脂溶性的固醇类衍生物。抗高温、耐碱，较稳定。紫外线照射人体皮肤，可使皮肤中的7-脱氢胆固醇转化为维生素D₃，这是人类维生素D的主要来源，它以激素的形式发挥活性作用，促进肠道吸收钙、磷及参与骨化过程。维生素D缺乏可发生佝偻病，使骨骼生长受阻，青少年及儿童可发生骨软化症。维生素D在肝、蛋、鱼肝油中含量较多，但长期过量（每日2~5万单位）服用可致中毒。

（二） 矿物质

根据组成矿物质的各种元素在人体内的含量及每日膳食需要量的不同，将其分为常量元素（在人体内含量大于体重的0.01%，每日需要量在100毫克以上）和微量元素（在人体内含量极少，且必须通过食物摄入）两大类。

1. 钙

钙是骨骼和牙齿的主要组成成分，占全身钙的99%，其余1%的钙分布在软组织、细胞外液和血液中。食物中脂肪、草酸盐、磷酸盐、膳食纤维过多，可使钙沉淀并影响钙的吸收。乳类为钙的最好来源，海产品、豆类、蔬菜中含钙量也很高，小儿饮食中长期缺钙可引起佝偻病和手足搐搦症。

2. 磷

磷是构成骨骼、牙齿、肌肉、神经等组织及多种酶的重要成分，并能促进葡萄糖、蛋白质和脂肪代谢，以及参与缓冲系统，维持体内酸碱平衡；缺乏时可发生佝偻病。乳、鱼、肉、蛋及谷类、蔬菜中含量丰富，但谷物中利用率低，因为谷物中的磷常与植酸同时存在。

3. 铁

铁为血红蛋白、肌红蛋白、细胞色素C和多种酶的主要成分。铁的吸收利用受食物中铁的量和质的影响较大。血红素铁吸收优于非血红素铁，肉类、维生素C可促进铁的吸收，而草酸、植酸、鞣酸、咖啡因、茶碱、纤维素等则妨碍铁的吸收。肝、瘦肉、豆类、海产品含铁量高、吸收率好，绿叶蔬菜、蛋中含量也高，乳类最低。铁缺乏时，会引起体内缺铁和小细胞低色素性贫血，体格和智力发育也会受到影响。

4. 锌

锌为必需微量元素，参与很多机体的生理功能，与多种酶、蛋白质、核酸和激素的合成有关。锌可影响儿童智力发育，缺锌会导致食欲减退、生长迟缓，引起矮小症、贫血、性腺发育不良、皮炎、伤口愈合差、智力发育不良等情况。母初乳中锌含量甚高，肝、肉、鱼中也都含有锌。

5. 碘

碘主要用于制造甲状腺激素，促进新陈代谢，加速生长和中枢神经系统发育。缺碘的症状与缺碘发生的年龄有关，儿童缺碘可引起甲状腺功能减退、生长发育迟滞、智力低下，出现地方性克汀病。海产品含碘量高。缺碘主要发生在山区，沿海地区较少发生。

五、水

水是维持生命的必需物质，丧失水分达20%，生命就无法维持。机体内重要的物质代谢和生理活动都需要水的参与。正常情况下，水的绝对需要量为75~100ml/d（毫升/天）。

第三节 膳食营养素参考摄入量的概念

膳食营养素参考摄入量（DRI）是在RDA（推荐的膳食供给量）基础上发展起来的一组每日平均膳食营养素摄入量的参考值。包括四项指标：

1. 平均需要量（EAR）：是某一特定性别、年龄及生理状况群体对某种营养素需要量的平均值。摄入量达EAR水平时，可以满足群体中50%个体的需要，不能满足另外半数个体对该营养素的需要。EAR是制定推荐摄入量的基础。

2. 推荐摄入量（RNIs）：可以满足某一特定人群中绝大多数（97%~98%）个体需要量的摄入水平。长期摄入RNIs水平，可以满足身体对该营养素的需要。RNIs可作为个体每日摄入该营养素的目标值。如果个体摄入量呈常态分布，已知EAR标准差，则RNIs定为EAR加两个标准差（RNIs=EAR+2SD）。

3. 适宜摄入量（AI）：是通过观察或实验获得的健康人群某种营养素的摄入量。AI可作为个体营养素摄入量的目标。

4. 可耐受最高摄入量（UL）：是平均每日可以摄入该营养素的最高限量。这个量对一般人群中几乎所有个体均不会危害健康，当超过这个量时，损害健康的危险性会加大。

5. 能量需要量（EER）：是指能长期保持良好的健康状态、维持良好的体型、机体构成以及理想活动水平的个体或群体，达到能量平衡时所需要的膳食能量摄入量。群体能量的推荐摄入量直接等同于该群体的能量需要量。

参考资料：

1.刘湘云等主编.儿童保健学(第四版)[M].南京:江苏科学技术出版社,2011.

2.孙长颢主编.营养与食品卫生学(第七版)[M].北京:人民卫生出版社,2012.

3.中国营养学会.中国居民膳食营养素参考摄入量[M].北京:中国轻工业出版社,2006.

第二章

学龄前儿童
的膳食营养

第一节 学龄前儿童的生理特点

儿童在3周岁至入小学前这个阶段称为学龄前期。与婴幼儿期相比：

1. 此期生长发育速度减慢，身高、体重稳步增长，体重年增加约2kg，身高年增加5～7cm。与成人相比，此期儿童仍然处于迅速生长发育之中，加上活泼好动，需要更多的营养以保证正常的生长发育，同时为成年期健康打下良好的基础。

2. 神经系统发育迅速，是性格形成的关键时期。3岁时神经细胞的分化已基本完成，但脑细胞体积的增大及神经纤维的髓鞘化仍继续进行。4～6岁时，脑组织进一步发育，达成人脑重的86%～90%。5～6岁儿童的有意注意能力短暂，控制注意力的能力约为15分钟，因此，注意力分散仍然是学龄前儿童的表现行为之一，如饮食时不专心、好动、喜欢自我作主等。此期个性发展明显，独立性与主动性表现突出，且模仿能力极强，是培养良好饮食习惯的最佳时期。

3. 20颗乳牙已经出齐，但在5～6岁时乳牙开始松动脱落，恒牙依次萌出，咀嚼能力仅达到成人的40%。消化能力有限，对固体食物需要长时间适应，因此不宜过早完全进入成人家庭膳食，以免导致消化吸收紊乱，造成营养不良。同时也是口腔卫生保健的关键时期，要防止龋齿的发生。[1]

第二节　学龄前儿童膳食指南[2]与制订原则

一、学龄前儿童膳食指南

1. 食物多样，谷类为主

2. 多吃新鲜蔬菜和水果

3. 经常吃适量的鱼、禽、蛋、瘦肉

4. 每天饮奶，常吃大豆及其制品

5. 膳食清淡少盐，正确选择零食，少喝含糖量高的饮料

6. 食量与体力活动平衡，保证正常体重增长

7. 不挑食、不偏食，培养良好的饮食习惯

8. 吃清洁卫生、未变质的食物

二、膳食制订总原则

1. 膳食中提供的营养素必须符合学龄前儿童生长发育时期所需要的营养要求。

2. 食物中应有足够的各类营养素，儿童热量摄入量能够满足推荐摄入量的90%以上为正常，低于80%为不足，如果热量摄入量超过推荐量的20%就有可能引起体重过重，超过50%可导致肥胖。蛋白质摄入量应达到推荐摄入量的80%以上。无机盐和维生素的摄入量达推荐量的80%以上为正常。且各营养素之间要有合理的比例，蛋白质、脂肪、碳水化合物之间的比例约为1：4：5，它们产生的能量分别占总能量的12%～15%、30%～35%、50%～60%。优质蛋白（动物蛋白或豆类）应占总蛋白的1/2以上。植物脂肪占总脂肪的50%以上。[3]

3. 建立合理的膳食制度，包括就餐时间、次数和每餐热量的分配。每餐能量分配：早餐（包括早点）30%、午餐（包括午点）40%、晚餐（包括睡前加餐）30%。

4. 食物的选择搭配要恰当，食物的品种、数量、烹制方法均应适合幼儿胃肠道的消化和吸收功能。

5. 注意严格执行《食品卫生法》，绝对保证饮食安全卫生。

总之，在制定幼儿食谱时应根据幼儿的年龄特点、时令、季节特点编排，科学调配和烹制，提高食物的营养价值；在营养素的供给量标准上，可参考《中国居民膳食营养素参考摄入量（2013版），与2000版的相比，一是能量、碳水化合物和蛋白质的推荐摄入量（RNIs）均有所下降，二是认为对儿童而言，营养素也可预防非传染性慢性病，这与成人一样。[4]

三、平衡膳食基本原则

平衡膳食的基本原则是:全面、均衡、适量。

（一）幼儿食物选择的基本原则

根据学龄前儿童平衡膳食宝塔设计，膳食应由适宜数量的谷薯类、动物性食物（禽肉、蛋、鱼类)、蔬菜水果类、乳（豆）类 和 纯供能食物（动植物油、淀粉、食用糖和酒）类五大类食物组成。在各类食物的数量相对恒定的前提下，同类中的各种食物可轮流选用，做到膳食多样化，从而发挥出各种食物在营养上的互补作用，使其营养全面平衡。

1. 粮谷类及薯类食品

幼儿期后，粮谷类应逐渐成为小儿的主食。选择这类食品时应以大米、面制品为主，同时加入适量的杂粮和薯类。粮谷类及薯类食品在食物的加工上，应粗细合理。加工过精时，B族维生素、蛋白质和无机盐损失较大；反之加工过粗、存在大量的植酸盐及纤维素，可影响钙、铁、锌等营养素的吸收利用。一般以标准米、面为宜。

如果每周有2~3餐以豆类（红豆、绿豆、白豆）、燕麦等替代部分大米和面粉，将有利于蛋白质、维生素的互补。

高脂食品如炸土豆片，高糖和高油的风味小吃和点心应适量限制。

2. 乳类食品

乳类食物是幼儿优质蛋白、钙、维生素B2、维生素A等营养素的重要来源。

奶类的钙含量高、吸收好，是天然钙质的极好来源，可促进幼儿骨骼的健康生长。同时奶类富含赖氨酸，是粮谷类蛋白的极好补充。

但奶类的铁、维生素C含量很低，脂肪以饱和脂肪为主，需要注意适量供给。

3. 鱼、肉、禽、蛋及豆类食品

这类食物可提供丰富的优质蛋白，同时也是维生素A、维生素D及B族维生素和很多矿物质元素如铁、锌的主要来源。动物蛋白的氨基酸组成更适合人体的需要，且赖氨酸含量高，有利于补充植物蛋白中赖氨酸的不足。

豆类食品中蛋白含量高，质量接近肉类，价格低，是动物蛋白较好的替代品，建议常吃大豆及其制品。

肉类中铁的利用较好，鱼类特别是海产鱼所含不饱和脂肪酸有利于儿童神经系统的发育，动物肝脏含维生素A极为丰富，还富含维生素B_2和叶酸，是纠正营养性贫血的良好食源。鱼、禽、兔肉等含蛋白质较高，饱和脂肪较低，建议儿童可以经常食用这类食物。

4. 蔬菜、水果类

这类食物是维生素C、β-胡萝卜素的较好来源，也是维生素B_2、无机盐(钙、钾、钠、镁等)和膳食纤维的重要来源。

在这类食物中，一般深绿色叶菜及深红、黄色果蔬、柑橘类等含维生素C和β-胡萝卜素较高。蔬菜、水果不仅可提供营养素，而且具有良好的感官性状，可促进小儿食欲，防止便秘。

5. 油、糖、盐等调味品及零食

儿童膳食应清淡、少盐、少油脂，并避免添加辛辣等刺激性食物和调味品。

零食是指正餐以外所进食的食物和饮料，用以补充不足的能量和营养素，是学前儿童饮食中的重要内容，应予以科学的认识和合理的选择。

学龄前儿童的膳食营养

四、1~6岁儿童一日食物数量

儿童各类食物每日参考摄入量表

食物种类	1～3岁	3～6岁
谷类	100～150克	180～260克
蔬菜类	150～200克	200～250克
水果类	150～200克	150～300克
鱼虾类	100克	40～50克
禽畜肉类	100克	30～40克
蛋类	100克	60克
液态奶	350～500毫升	300～400毫升
大豆及豆制品	—	25克
烹调油	20～25克	25～30克

注：引自中国营养学会妇幼分会编著的《中国孕期、哺乳期妇女和0～6岁儿童膳食指南》，人民卫生出版社，2010年）

参考资料：

[1][2]中国营养学会编著.《中国居民膳食指南》[M].拉萨：西藏人民出版社，2012：162-170.

[3]刘湘云等主编.《儿童保健学》(第四版)[M].南京：江苏科学技术出版社，2011：142-143.

[4]苏宜香.《中国居民膳食营养素参考摄入量(2013版)》儿童相关DRIs修订要点解读[J].中国儿童保健杂志，2015，23（7）:673-675.

第三章

学龄前儿童
膳食管理

第一节 食谱的制订与加工

一、食谱编制

1. 带量食谱，每周或每两周制定一次；

2. 食物品种多样化，营养搭配合理，同一菜肴两周内不重复；

3. 根据幼儿年龄、人数和餐费制定食物用量；

4. 尽可能选择当季性时蔬。

食物搭配要注重：粗细搭配、荤素搭配、甜咸搭配、干湿搭配，餐与餐之间搭配。以达到质优、量足、比例恰当、食物结构易消化的目的。此外应注意在各类食物中，不同的食物轮流使用或相同的食材采用不同的烹调方法，使膳食多样化，从而发挥出各类食物营养成分的互补作用，达到均衡营养的目的。

二、合理加工与烹调

由于学龄前儿童的生理特点，其消化能力有限，所以要求幼儿的食物应单独制作，质地应细、软、碎、烂，避免刺激性强和油腻的食物。烹调方式多采用蒸、煮、炖等，尽量减少食盐和调味品的用量；禁止加工变质、有毒、不洁、超过保质期的食物；禁止提供生冷拌菜。存放时间超过两小时的熟食品，需再次利用的应当充分加热。食物烹调时还应具有较好的色、香、味、形，并经常更换烹调方法，以刺激小儿胃酸的分泌，促进食欲。

第二节 饮食管理与习惯

一、饮食管理

1. 托幼机构食堂应当按照《食品安全法》《学校食堂与学生集体用餐卫生管理规定》等有关法律法规和规章的要求，取得"餐饮服务许可证"，建立健全各项食品安全管理制度。

2. 为儿童提供符合国家《生活饮用水卫生标准》的生活饮用水。保证儿童按需饮水。1～3岁儿童饮水量50～100毫升/次，3～6岁儿童饮水量100～150毫升/次，并根据季节变化酌情调整饮水量。

3. 儿童膳食有专人负责，建立膳食管委会并定期活动，民主管理。工作人员与儿童膳食要严格分开，儿童膳食费专款专用，账目每月公布，每学期膳食收支盈亏不超过2%～4%。

4. 儿童食品应当在具有"食品生产许可证"或"食品流通许可证"的单位采购。食品进货前必须采购查验和索票索证，托幼机构应建立食品采购和验收记录。

5. 儿童食堂应当每日清扫、消毒，保持内外环境整洁。食品加工用具必须明确标识生熟、分开使用、定位存放。餐饮具、熟食盛器应在食堂或清洗消毒间集中清洗消毒，消毒后保洁存放。库存食品应当分类、注有标识、注明保质期、定位储藏。

6. 禁止加工变质、有毒、不洁、超过保质期的食物，不得制作和提供冷荤凉菜。留样食品应当按品种分别盛放于清洗消毒后的密闭专用容器内，在冷藏条件下存放48小时以上；每样品种不少于100克以满足检验需要，并做好记录。[1]

二、良好饮食习惯的培养

学龄前是培养孩子不挑食、不偏食的良好饮食行为和习惯的最重要和最关键的阶段，应特别注意以下方面：

（一）合理安排进餐

一日三餐加一到两次点心，定时、定点、定量用餐。每餐间相隔3.5~4小时，每次用餐20~30分钟。餐后安静活动或散步时间10~15分钟。一般可安排早、中、晚三餐，早点和午点两点。饭前不吃糖果、不饮汽水等零食和饮料，养成自己吃饭的习惯，让孩子自己使用筷、匙，既可增加孩子进食的兴趣，又可培养孩子的自信心和独立能力。吃饭时应细嚼慢咽，最好能在30分钟内吃完，不偏食、不挑食、少零食，不暴饮暴食，培养口味清淡的健康饮食习惯。不要一次给孩子盛太多的饭菜，先少盛，吃完后再添，以免养成剩菜剩饭的习惯。不要吃一口饭喝一口水，或经常吃汤泡饭，这样容易稀释消化液，影响消化和吸收。

（二）营造幽静、舒适的进餐环境

餐桌文明的教育应从孩提时代开始。环境嘈杂，尤其是吃饭时看电视、玩游戏，会转移幼儿的注意力，并使其情绪兴奋或紧张，从而抑制食物中枢，影响食欲与消化。在就餐时或就餐前不应责备或打骂幼儿，情绪不佳会使消化液分泌减少而降低食欲。准备适于幼儿身体特点的桌椅和餐具，在固定的场所进餐，在许可的范围内允许孩子选择食物，但不宜用食物作为奖励，避免诱导孩子对某种食物产生偏好。家长和看护人应以身作则、言传身教，帮助孩子从小养成良好的饮食习惯和文明的进餐行为。

（三）注意饮食卫生

注意儿童的进餐卫生，包括进餐环境、餐具和供餐者的健康卫生状况，提倡分餐制，减少疾病传播的机会，严格执行《食品卫生法》。对食品加工要求彻底煮熟煮透，餐具须严格煮沸消毒外，要求幼儿要做到餐前、便后洗手；饭后漱口，不吃不洁的食物，少吃生冷的食物；瓜果应洗净削皮后再吃，从小培养成良好的生活卫生习惯。

附：中国居民膳食营养素参考摄入量表DRIs

能量和蛋白质的RNIs及脂肪供能比

年龄	能量kcal（MJ）		蛋白质(g)		脂肪（脂肪能量占总能量的百分比%）
婴儿	不分性别		不分性别		不分性别
初生~6个月	95/kg体重		1.5~3/kg体重		45~50
7~12个月	95/kg体重		1.5~3/kg体重		35~40
儿童	男	女	男	女	
1岁	1100(4.6)	1050(4.4)	35.0	35.0	35~40
2岁	1200(5.02)	1150(4.81)	40.0	40.0	
3岁	1350(5.64)	1300(5.43)	45.0	45.0	
4岁	1450(6.06)	1400(5.83)	50.0	50.0	30~35
5岁	1600(6.7)	1500(6.27)	55.0	55.0	
6岁	1700(7.1)	1600(6.67)	55.0	55.0	
7岁	1800(7.53)	1700(7.1)	60.0	60.0	
8岁	1900(7.94)	1800(7.53)	65.0	65.0	
9岁	2000(8.36)	1900(7.94)	65.0	65.0	25~30
10岁	2100(8.8)	2000(8.36)	70.0	65.0	
11岁	2400(10.04)	2200(9.20)	75.0	75.0	
14岁	2900(12.00)	2400(9.62)	80.0	80.0	

注：上表根据2000版的《中国居民膳食营养素参考摄入量表DRIs》数据绘制。2013版的《中国居民膳食营养素参考摄入量表DRIs》儿童能量和蛋白质的摄入量较2000版有所下降，能量为参考需要量（EER），脂肪为各脂肪酸的参考摄入量（DRIs），可能在儿童集体的膳食管理和计算中不便操作，有待于《托幼机构卫生保健管理办法》的进一步明确，在此仅提供信息，供大家参考。

参考资料：

[1] 托儿所幼儿园卫生保健工作规范，2010年版.

第四章

学龄前儿童
春季带量食谱

畜禽蛋肉类

1 腌笃鲜

烹调方法：煮

选料：

鲜肉	20g
自制咸肉（五花肉）	10g
香菇（干）	1g
笋	50g
黄酒	2g

本菜所含主要营养量参考值：

蛋白质（g）	脂肪（g）	碳水化合物（g）	热量（kcal）
5.22	5.6	2.43	81

工艺流程

1. 鲜肉、咸肉都切成长约5cm、宽约3cm、厚约1cm的片；春笋切成滚料块，香菇温水浸泡。

2. 鲜肉、咸肉在沸水锅焯水后清洗干净；笋在冷水锅中焯水成熟后捞出，沥干水分。

3. 锅置旺火上，加入水、鲜肉、咸肉、笋块、香菇和黄酒用大火烧沸，转中小火焖烧30分钟至肉质软烂，出锅装碗。

② 家乡咸肉蒸蛋

烹调方法：蒸

选料：

自制咸肉（五花肉）	25g
鹌鹑蛋	20g
黄酒	2g
葱	1g

本菜所含主要营养量参考值：

蛋白质（g）	脂肪（g）	碳水化合物（g）	热量（kcal）
3.85	9.41	0.40	101.7

工艺流程

1. 猪肉整块煮熟后抹上盐，腌渍24小时。

2. 猪肉切成长约5cm、宽约3cm、厚约1cm的片，围放在碗中，中间磕入鹌鹑蛋，淋上黄酒，在旺火沸水锅中蒸6~8分钟至成熟上桌。

3 八宝豆瓣酱

烹调方法：烩

选料：

六月香豆瓣酱	5g
鸡胸脯肉	8g
香菇（干）	2g
瘦猪肉	8g
豆腐干	6g
笋	20g
鸡蛋	6g
速冻豌豆	6g
酱油	1g
葱	3g
生姜	1g
高汤	100g
糖	1g
淀粉	6g
葵花籽油	4g

本菜所含主要营养量参考值：

蛋白质（g）	脂肪（g）	碳水化合物（g）	热量（kcal）
11.3	9.58	13.66	276.1

工艺流程

1. 香菇温水浸泡回软；冬笋焯水至成熟，捞出用冷水冲凉；豌豆用冷水解冻。

2. 鸡蛋打匀，倒入方形器皿中，放在沸水锅中用小火蒸至蛋液凝固。

3. 鸡脯肉、猪肉、豆腐干、香菇、笋肉和鸡蛋糕都加工成约1cm见方的丁，葱白切成段，生姜切成丝。

4. 锅置中火上，下底油，用葱白、姜丝炝锅后放入豆瓣酱煸香，放入高汤、鸡脯肉、香菇、猪肉、豆腐干、笋肉、豌豆和鸡蛋糕，用酱油和糖调和滋味，再用湿淀粉勾厚芡后装盆。

学龄前儿童春季带量食谱

④ 香椿炒鸡蛋

烹调方法：炒

选料：

香椿芽	15g
鸡蛋	50g
盐	0.5g
黄酒	2g
花生油	4g

本菜所含主要营养量参考值：

蛋白质（g）	脂肪（g）	碳水化合物（g）	热量（kcal）
6.05	7.91	2.47	105.3

工艺流程

1. 将香椿芽放在沸水锅中稍滚，捞出晾凉后切成长约1cm的段。

2. 蛋液中加入香椿芽、黄酒和盐搅拌均匀。

3. 锅置中火上，油升温至约180℃倒入蛋液等，待稍凝固后翻炒成小块状，出锅装盆。

⑤ 墨鱼小方肉

烹调方法：烧

选料：

五花肉	30g
墨鱼	25g
南乳汁（绍兴产）	5g
菜心（垫底）	25g
黄酒	1g
盐	0.5g
高汤	50g

本菜所含主要营养量参考值：

蛋白质（g）	脂肪（g）
6.42	10.87

碳水化合物（g）	热量（kcal）
1.84	130.9

工艺流程

1. 猪肉和墨鱼都切约2cm见方的块；墨鱼块在沸水锅中焯水至成熟，捞出沥水；空心菜切成长约4cm的段。

2. 锅置旺火上，下底油，翻炒空心菜至干瘪状，加入高汤和盐调和滋味，出锅装盆。

3. 另取锅置旺火上，放入猪肉、黄酒和高汤烧沸，待猪肉熟软后，放入墨鱼块和南乳汁，转小火再焖烧3分钟至猪肉和墨鱼入味后出锅。

4. 装盆时在空心菜中间放入猪肉和墨鱼块。

6 红烧狮子头

烹调方法： 烧

选料：

夹心猪肉	40g
白砂糖	1g
菜蕻	25g
鸡蛋	10g
老豆腐	5g
酱油	3g
盐	0.5g
淀粉	2g
黄酒	2g
菜籽油	3g

本菜所含主要营养量参考值：

蛋白质（g）	脂肪（g）
4.48	12.92

碳水化合物（g）	热量（kcal）
3.79	149.4

工艺流程

1. 猪肉切成绿豆大小的粒状，加老豆腐（泥）、鸡蛋液、水、盐和淀粉搅拌上劲，搓成直径约3cm的肉丸，上笼蒸熟。

2. 菜蕻切成长约4cm的段。

3. 锅置旺火上，下底油，翻炒菜蕻成干瘪状，加入水和盐调和滋味，出锅装盆。

4. 在菜蕻上放入狮子头，用蒸狮子头时残留的肉汤和酱油调和滋味，用湿淀粉勾薄芡，浇淋在狮子头上。

7 春笋烧肉

烹调方法：烧

选料：

春笋	50g
五花肉	30g
香菇（干）	2g
酱油	5g
白砂糖	2g
黄酒	2g
玉米油	4g

本菜所含主要营养量参考值：

蛋白质（g）	脂肪（g）
3.14	13.02
碳水化合物（g）	热量（kcal）
4.87	149.2

工艺流程

1. 春笋加工成长约2cm、宽约1cm的块，放入冷水锅焯水至成熟，捞出沥干水分，五花肉加工成同样大小的块。

2. 香菇用温水浸泡后切成块。

3. 锅置中火上，下底油，放入春笋、肉块、香菇块和水焖烧至肉块成熟，加入酱油、白砂糖和黄酒调和滋味，继续用小火焖烧至肉块熟软后装盆。

8 汤三鲜

烹调方法：煮

选料：

绿豆粉丝（干）	6g
猪肉	20g
鸡蛋	15g
鱼丸	5g
白菜叶	10g
食盐	0.5g
葱末	1g
黄酒	2g
淀粉	2g
高汤	100mL

本菜所含主要营养量参考值：

蛋白质（g）	脂肪（g）	碳水化合物（g）	热量（kcal）
6.74	9.81	6.34	140.6

工艺流程

1. 粉丝用温水浸泡回软，白菜叶切成长约2cm的条状。

2. 猪肉切成末后加食盐、黄酒、淀粉搅拌上劲，搓成直径约2cm的小丸子，上笼蒸熟。

3. 鸡蛋打匀后倒入盒中，放入沸水锅用中火蒸熟，冷却后斜刀片成长约3cm、厚约1cm的蛋糕片。

4. 锅置中火上，放粉丝、蛋糕片、肉丸子、鱼丸、白菜叶和高汤，用盐调和滋味后出锅装碗。

第二节 水产品类

1 菜蕻鲨鱼羹

烹调方法：烩

选料：

鲨鱼	40g	黄酒	2g
菜蕻	20g	高汤	150g
蛋清	10g	淀粉	2g
火腿片	5g	玉米油	3g
葱	3g		
姜	2g		
盐	1g		

本菜所含主要营养量参考值：

蛋白质（g）	脂肪（g）
9.43	9

碳水化合物（g）	热量（kcal）
3.19	131.5

工艺流程

1. 鲨鱼切成长宽各约2cm、厚约0.4cm的片，放入热水焯水至成熟，再用清水漂洗。

2. 菜蕻切成长约2cm的段；蛋清打匀；火腿蒸熟，切成指甲大小的薄片；葱白切成长约4cm的段；姜切成丝。

3. 锅置旺火上，下底油，用葱白、姜丝炝锅，放入鲨鱼片、高汤、黄酒、菜蕻和火腿片烧沸，用盐调和滋味，再用湿淀粉勾芡后浇淋入蛋清，推搅均匀后出锅装碗。

② **海参豆腐羹**

烹调方法：烩

选料：

海参（干）3g（或水发海参10g）	
嫩豆腐	30g
熟火腿	5g
盐	0.5g
高汤	150g
黄酒	2g
葱白	3g
生姜丝	2g
淀粉	4g
葵花籽油	4g

本菜所含主要营养量参考值：

蛋白质（g）	脂肪（g）	碳水化合物（g）	热量（kcal）
5.73	9.69	5.08	130.5

工艺流程

1. 海参涨发:放在冷水中反复加热(加热—冷却—换水—加热）至手指能轻松穿透内壁时，涨发完成。

2. 海参对半剖开，洗净内脏（除海参内壁外都需要清除干净）。

3. 海参批成厚约0.2cm的片状，在沸水锅中略烫，捞出用清水冲洗。

4. 火腿切成指甲大小的片;豆腐加工成约1cm见方的块，用沸水焯水至成熟，捞出沥干水分。

5. 锅置旺火上，下底油，用葱白、姜丝炝锅，加入高汤、豆腐、海参和火腿片烧沸，用黄酒和盐调和滋味，再用湿淀粉勾薄芡后装碗。

③ 苔条江白虾

烹调方法：炸

选料：

江白虾	40g
苔条	3g
盐	1g
黄酒	2g
玉米油	约6g

本菜所含主要营养量参考值：

蛋白质（g）	脂肪（g）	碳水化合物（g）	热量（kcal）
5.38	6.07	1.60	82.5

工艺流程

1. 生姜切片，葱打成结，苔条撕松后切成长约4cm的段。

2. 江白虾用盐和黄酒腌渍10分钟至入味。

3. 锅置旺火上，油加热到150℃时放入虾油炸，至虾外酥里嫩，捞出沥油。

4. 原锅留底油，置小火上，油温加热至80℃时，放入苔条翻炒成翠绿色，放入炸熟的虾翻拌均匀，出锅装盆。

④ 苔条鱼块

烹调方法：炸

选料：

鲳鱼	60g
苔条	3g
盐	1g
生姜	2g
黄酒	2g
菜籽油	约6g

本菜所含主要营养量参考值：

蛋白质（g）	脂肪（g）	碳水化合物（g）	热量（kcal）
8.36	9.08	0.98	119.1

工艺流程

1. 生姜切片，苔条撕松后切成长约4cm的段。

2. 鲳鱼批成厚约1cm的片，加盐、黄酒和生姜片腌渍30分钟至鱼肉入味。

3. 锅置旺火上，油加热至200℃时分散投入鱼块油炸，炸至鱼块呈金黄色成熟，捞出沥油。

4. 原锅留底油，置小火上，油温加热至80℃时放入苔条翻炒成翠绿色，放入炸好的鱼块，翻拌均匀后出锅装盆。

5 面结蒸鲳鱼

烹调方法：蒸

选料：

面结	一只

（肉末15g、薄千层3g）

鲳鱼	30g
盐	0.5g
葱结	2g
姜片	2g
黄酒	2g

本菜所含主要营养量参考值：

蛋白质（g）	脂肪（g）	碳水化合物（g）	热量（kcal）
6.65	7.58	0.79	98

工艺流程

1. 鱼肉批成厚约1cm的块，用盐、黄酒腌渍30分钟至入味；葱切成葱末，打成结。

2. 鲳鱼和面结相间放在盘中，浇淋上黄酒、葱结和姜片。

3. 用旺火沸水蒸熟鱼肉，出笼后拣去葱结和姜片，撒上葱末上席。

6 熘鱼块

烹调方法：熘

选料：

鲳鱼	50g
山药	10g
白糖	3g
黄酒	2g
盐	0.2g
番茄沙司	6g
醋	3g
淀粉	10g
面粉	3g
菜籽油	约6g

本菜所含主要营养量参考值：

蛋白质（g）	脂肪（g）	碳水化合物（g）	热量（kcal）
7.38	8.63	15.93	170.9

工艺流程

1. 鱼肉加工成长约3cm、宽约2cm、厚约1cm的长方块，用盐、黄酒腌渍入味；山药切成小于鱼块大小的块。

2. 淀粉、面粉按7:3比例加水调制成略有下滴状的面糊，把腌渍过的鱼块放入面糊中搅拌均匀。

3. 山药在沸水锅中焯水至熟，捞出沥干水分。

4. 锅置旺火上，油加热至约200℃，把包裹上面糊的鱼块分散放入油锅中炸，炸成外表呈褐黄色，鱼块呈外酥脆、内鲜嫩状，捞出沥油。

5. 原锅控干油，置中火上，放入白糖、醋、黄酒、番茄沙司和水调制成糖醋汁，用湿淀粉勾成糊状，放入炸好的鱼块和山药，翻拌均匀后装盆。

7 黄金鱿鱼圈

烹调方法：炸

选料：

整鱿鱼	50g
面包糠	10g
鸡蛋	15g
盐	1g
黄酒	2g
面粉	5g
菜油	约6g

本菜所含主要营养量参考值：

蛋白质（g）	脂肪（g）
11.49	8.39

碳水化合物（g）	热量（kcal）
11.67	168.2

工艺流程

1. 整鱿鱼切成宽约1cm的圆圈状，并在沸水锅中略烫至成熟，捞出沥水，再加盐、黄酒腌渍10分钟入味。

2. 鸡蛋和面粉调和成略有下滴状的蛋粉糊，把鱿鱼圈挂上蛋粉糊，再粘裹上面包糠。

3. 锅置旺火上，油加热到约150℃，投入粘上面包糠的鱿鱼圈炸成金黄色，捞出装盆，上席时随带椒盐或番茄沙司。

注 鱿鱼洗涤时应保持形状的完整性。

8 土豆烧梭子蟹

烹调方法：烧

选料：

梭子蟹	40g
西红柿	15g
土豆	20g
黑木耳（干）	1g
食盐	0.5g
绍酒	2g
生姜	1g
葵花籽油	约6g

本菜所含主要营养量参考值：

蛋白质（g）	脂肪（g）
3.74	6.68
碳水化合物（g）	热量（kcal）
4.65	93.7

工艺流程

1. 蟹摘去鳃、脐、食囊，斩去爪尖，剁成块状，在蟹截面处用淀粉拍粉；西红柿切成长约2cm的块；土豆蒸熟后切成长约2cm的小块状；黑木耳用温水浸泡回软；生姜切丝。

2. 锅置旺火上，油加热至约150℃时投入拍粉的蟹块油炸，炸至蟹截面凝固结成外壳，捞出沥油。

3. 原锅控干油，置中火上，放入蟹块、生姜丝和水，焖烧至蟹成熟，加入土豆块和西红柿，用盐和黄酒调和滋味，出锅装盆。

（注）蟹块拍粉后熟处理有两种方式：数量多的可以采用油炸，数量少的可以采用油煎。

 小贴士：

梭子蟹又称三疣梭子蟹、海螃蟹、海蟹等。分布于我国南北沿海，以黄海北部产量最高，在浙江、福建沿海捕捞旺季是3—11月。海蟹离开海水就死，应立即速冻，否则容易变质，不新鲜的不能食用。蟹性寒，食蟹时要有姜、醋佐食，既可暖胃祛寒，又可杀菌消毒，还可去腥增加美味。

9 葱油青蟹

烹调方法：蒸

选料：

青蟹	60g
生抽	2g
黄酒	2g
生姜	2g
葱	3g
玉米油	4g

本菜所含主要营养量参考值：

蛋白质（g）	脂肪（g）
4.73	4.9
碳水化合物（g）	热量（kcal）
0.59	65.4

工艺流程

1. 姜切丝，葱切末。

2. 蟹洗净去腮、脐、食囊后，斩成块，装入盘中后放入生抽、黄酒和姜丝入蒸笼，用大火蒸10分钟至蟹成熟出锅，将胡椒粉和葱末均匀洒在蒸熟的蟹上。

3. 锅置旺火上，油加热至冒烟状，把油均匀地泼在葱末上即可上席。

 小贴士：

青蟹俗名叫鲟，广东称膏蟹，台湾、福建叫红鲟，浙南地区叫蝤蛑。青蟹一年四季都有产。每年农历八月初这段时间，青蟹壳坚如盾，脚爪圆壮，只只都是双层皮，民间有"八月蝤蛑抵只鸡"之说。

10 梭子蟹炒年糕

烹调方法：炒

选料：

梭子蟹	30g
小年糕	30g
生姜	2g
葱	3g
黄酒	2g
酱油	2g
花生油	约6g

本菜所含主要营养量参考值：

蛋白质（g）	脂肪（g）
5.72	7.11

碳水化合物（g）	热量（kcal）
10.98	130.8

工艺流程

1. 蟹摘去鳃、食囊、脐，斩去爪尖，蟹身剁成宽约1.5cm的块；生姜切成丝，葱切成段。

2. 年糕用热水浸泡回软。

3. 锅置中火上，下底油，用葱白段和姜丝炝锅后放入蟹块翻炒，加入黄酒和水加盖焖烧至蟹块成熟，再加年糕和酱油翻炒入味，撒上葱段后装盆。

 小贴士：

梭子蟹特性详见土豆烧梭子蟹菜肴。

11 红烧鲳鱼

烹调方法： 烧

选料：

鲳鱼	60g
春笋	20g
酱油	2g
黄酒	2g
淀粉	1g
葱	2g
生姜	1g
花生油	4g

本菜所含主要营养量参考值：

蛋白质（g）	脂肪（g）	碳水化合物（g）	热量（kcal）
8.13	7.09	1.7	103.1

工艺流程

1. 鲳鱼两侧上剞一字型花刀；春笋去掉壳和老根后，用冷水锅焯水至熟，捞出沥水，再切成薄片；生姜切片；葱切成约长4cm的段。

2. 锅置旺火上，鲳鱼用油煎或油炸方法处理，使鱼皮表面起皱，捞出沥油。

3. 原锅留底油，置中火上，放入鲳鱼、笋片、黄酒、生姜片和水焖烧至鲳鱼成熟，用酱油调和滋味，再用湿淀粉勾芡，出锅装盆后撒上葱段。

（注）

1. 鲳鱼油煎时鱼皮容易出现破损，从而影响美观。解决方法是：a. 鱼体表面擦干水分；b. 锅烧热后用生姜片擦锅底后再用油荡锅底后放入鱼。

2. 动物性原料（鱼、猪肉等）应在基本成熟后再加入咸味类（盐、酱油等）调味品，防止蛋白质过早凝固，影响菜肴口味。

12 银鱼蛋羹

烹调方法：蒸

选料：

银鱼	5g
鸡蛋	35g
虾皮	1g
盐	1g
黄酒	1g
葱	1g

本菜所含主要营养量参考值：

蛋白质（g）	脂肪（g）
5.28	2.94

碳水化合物（g）	热量（kcal）
0.92	51.3

工艺流程

1. 鸡蛋打匀后加入银鱼、沸水、虾皮、盐和黄酒调和。

2. 把打匀的蛋液等原料放入蒸笼内，用旺火沸水蒸至蛋液凝固成熟，出笼后撒上葱末上席。

小贴士：

银鱼也称面丈鱼、面条鱼等，太湖产的银鱼简称银鱼，体长7cm。银鱼色泽乳白，体形较小，光滑呈半透明状，鱼身完整且富有弹性，没有过重的腥味。银鱼肉质软嫩，味鲜美，可食率达100%。适宜于炸、炒、氽汤等多种烹调方法，多以突出其本身清鲜味为主。

043

13 葱油鳜鱼

烹调方法：蒸

选料：

鳜鱼	60g
葱	5g
生姜	3g
酱油	2g
盐	0.5g
豆油	4g
黄酒	2g

本菜所含主要营养量参考值：

蛋白质（g）	脂肪（g）
7.38	5.56

碳水化合物（g）	热量（kcal）
0.47	81.4

工艺流程

1. 鳜鱼两侧剞上一字型花刀；葱打成葱结，切成葱末；生姜切成片和细末

2. 鱼肉用盐、黄酒、葱结和姜片腌渍入味。

3. 鳜鱼放入蒸笼，用旺火沸水蒸至鱼肉成熟，出笼后在鱼身上放葱末、姜末，浇淋入沸油。

注

1. 判断鱼肉成熟方法是：用筷子能顺利插入厚鱼肉中，而且要避免鱼肉因过于成熟而影响口味。

2. 蒸鱼前在鱼的下面放入葱段或筷子架空鱼肉，能加快鱼肉成熟时间。

小贴士：

鳜鱼又称季花鱼、桂鱼、花鲫鱼等。主要产于我国河流湖泊，为我国名贵淡水鱼类。一年四季均产，但以春季为最好，故唐人张志和有"桃花江水鳜鱼肥"之传世名句。鳜鱼肉质紧实细嫩洁白，肉多刺少，肉味鲜美。烹调方法多用清蒸、奶汤等以突出其鲜美滋味。鳜鱼的硬棘有毒，被刺后能引起剧烈肿痛，所以宰杀时要注意。

14 紫菜海蜓汤

烹调方法：汆

选料：

紫菜	2g
海蜓	5g
葱	2g
盐	0.5g
麻油	1g

本菜所含主要营养量参考值：

蛋白质（g）	脂肪（g）
2.34	1.18
碳水化合物（g）	热量（kcal）
1.19	24.7

工艺流程

1. 海蜓用温水清洗，葱切成末。

2. 碗中放入紫菜、海蜓、盐和葱末，冲入沸水后加盖稍焖，即可食用。

小贴士：

紫菜在我国沿海均有出产，系采集鲜品后经加工干制而成，有饼菜和散菜两种。福建、浙江生产的紫菜饼多为圆形，江苏生产的紫菜饼多为长方形。紫菜在烹调中可作为主料、辅料等，可拌、汆汤等，也可利用其片状的特点卷上其他原料制作紫菜卷。汆汤使用时既可调色又可调味，还可制作素菜。

第三节 **蔬菜、菌菇类**

1 莴笋炒三丝

烹调方法：炒

选料：

莴笋	45g
香干	5g
猪瘦肉	10g
胡萝卜	5g
食盐	0.5g
高汤	50g
黄酒	2g
玉米油	4g
淀粉	2g

本菜所含主要营养量参考值：

蛋白质（g）	脂肪（g）
3.81	6.22
碳水化合物（g）	热量（kcal）
3.33	84.1

工艺流程

1. 猪肉切成筷子粗细的丝，莴笋、香干和胡萝卜都切成长约6cm竹签粗细状的丝。

2. 锅置旺火上，下底油，放入肉丝煸炒成熟后，加莴笋丝、香干丝、胡萝卜丝、黄酒和高汤烧沸，用盐调和滋味，再用湿淀粉勾芡，出锅装盆。

小贴士：

莴笋又称莴苣，秋、冬、春皆产。莴笋以外形直、粗长、皮薄肉质脆绿、水分多、不蔫萎、不空心、无泥土为佳。莴笋肉质脆嫩、色翠绿，在烹调中应用广泛，适宜于丝、丁等多种成形；适宜生拌、炝、炒等烹调方法；既可作为主料，又可作多种菜肴的辅料。

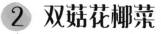

② 双菇花椰菜

烹调方法：炒

选料：

香菇（干）	2g
蘑菇	10g
花菜	40g
菜籽油	4g
食盐	0.5g
高汤	50g
淀粉	2g

本菜所含主要营养量参考值：

蛋白质（g）	脂肪（g）
2	5.29
碳水化合物（g）	热量（kcal）
4.79	72.4

工艺流程

1. 花菜切成小块，在沸水锅中焯水至熟，捞出沥水。

2. 香菇用温水浸泡回软后批成薄片，蘑菇切成片。

3. 锅置旺火上，下底油，加入花菜、香菇、蘑菇片和高汤烧沸，用盐调和滋味，再用湿淀粉勾薄芡，出锅装盆。

 小贴士：

花椰菜，又称花菜、菜花或椰菜花。花椰菜富含维生素B群、C群。这些成分属于水溶性，易受热分解而流失，所以煮花椰菜不宜高温烹调。它是一种粗纤维含量少，品质鲜嫩，营养丰富，风味鲜美，人们喜食的蔬菜。

047

3 天菜心笋片羹

烹调方法：烩

选料：

天菜心（芥菜）	30g
笋	20g
肉末	10g
香菇	1g
盐	0.5g
高汤	150g
淀粉	4g
玉米油	3g

本菜所含主要营养量参考值：

蛋白质（g）	脂肪（g）
4.18	10.39

碳水化合物（g）	热量（kcal）
5.35	129.8

工艺流程

1. 香菇用温水浸泡回软；笋在冷水锅中焯水至熟，捞出沥水。

2. 笋、香菇都加工成指甲大小状的片，天菜心切成宽约1cm的丝。

3. 锅置中火上，下底油，把肉末煸炒至酥，放入笋片、香菇片、高汤和天菜心烧沸，用盐调和滋味，再用湿淀粉勾芡，出锅装盆。

4 百合芦笋小炒

烹调方法：炒

选料：

芦笋	50g
鲜百合	10g
腰果	5g
蒜泥	3g
食盐	0.5g
淀粉	2g
高汤	30g
熟猪油	4g

本菜所含主要营养量参考值：

蛋白质（g）	脂肪（g）	碳水化合物（g）	热量（kcal）
2.27	6.6	9.88	105.5

工艺流程

1. 芦笋去筋后切成长约3~4cm的段，用沸水锅焯水至熟，捞出沥水；百合剥下鳞片，用沸水锅焯水至熟，捞出沥水；胡萝卜切成小菱形片。

2. 腰果用约100℃的油温养炸，至腰果色呈金黄色时捞出沥油。

3. 锅置中火上，放入熟猪油煸香蒜泥，加芦笋、百合、腰果和高汤烧沸，用盐调和滋味，再用湿淀粉勾薄芡，翻炒均匀后装盆。

 小贴士：

百合又叫野百合、白花百合、蒜脑薯等。百合在烹调中应用广泛，其干制品食用时，先用冷水清洗干净，再用温水浸软，即可作为食材使用，也可直接用其干制品煲粥及制作点心等。百合适于炒、蒸、煮、蜜汁等烹调方法，在菜点中作主料、辅料均可使用。

5 油焖雷笋

烹调方法：焖

选料：

雷笋	60g
香菇（干）	2g
酱油	5g
玉米油	4g
白糖	2g
芝麻油	1g

本菜所含主要营养量参考值：

蛋白质（g）	脂肪（g）
1.33	5.03

碳水化合物（g）	热量（kcal）
5.21	67.9

工艺流程

1. 雷笋切成长约3cm的滚料块，放入冷水锅中焯水至成熟，捞出沥水；香菇放在温水中浸泡回软。

2. 锅置旺火中，放底油，投入笋块、香菇、水、酱油和白糖烧沸，用中小火焖烧30~40分钟至笋入味，再放入麻油后出锅装盆。

 注

雷笋草酸含量较高，正式加热前应放在冷水锅中加热焯水，去除草酸。

6 茼蒿炒香干

学龄前儿童春季带量食谱

烹调方法：炒

选料：

茼蒿（蒿菜）	40g
豆腐干	10g
黑木耳（干）	1g
食盐	0.5g
玉米油	4g
麻油	1g

本菜所含主要营养量参考值：

蛋白质（g）	脂肪（g）
2.32	4.86
碳水化合物（g）	热量（kcal）
2.47	61.5

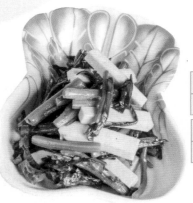

工艺流程

1. 茼蒿放入沸水锅中焯水至转色时捞出，摊开冷凉并控干水分；黑木耳用温水浸泡回软。

2. 茼蒿切成长约1cm的段，香干、黑木耳切成筷子粗细的丝。

3. 锅置中火上，下底油，放入茼蒿、香干、黑木耳和水烧沸，用盐和麻油调和滋味，翻拌均匀后装盆。

 小贴士：

茼蒿微有蒿气故名茼蒿，又称同蒿、蓬蒿等。我国南北各地春秋各季可普遍栽培。茼蒿幼苗及嫩茎和叶可食用，具有特殊的香气。烹调时可炒、拌、制汤等。我国朝鲜族喜食茼蒿。

7 荠菜春卷

烹调方法：炸

选料：

春卷皮	15g
荠菜	40g
香干	5g
笋	5g
盐	1g
香油	1g
面粉	2g
菜籽油约	7g

本菜所含主要营养量参考值：

蛋白质（g）	脂肪（g）	碳水化合物（g）	热量（kcal）
3.28	8.9	11.57	137.5

工艺流程

1. 冬笋放在冷水锅焯水至成熟，捞出沥水；冬笋和香干都切成长约3cm、牙签粗细的丝；荠菜切成段。

2. 锅置中火上，放底油，投入荠菜、香干和冬笋翻炒，用盐和香油调和滋味，出锅冷却成馅料。

3. 春卷皮中放上馅料，包裹成长约10cm、直径约2cm的条状，用面粉糊封口。

4. 锅置中火上，将包裹好的春卷投入120℃左右的油温中养炸，炸至春卷表皮呈金黄色时出锅，沥油后装盆。

注

春卷油炸时要严格控制油温高低和火候大小，否则春卷表皮容易出现褐黄色乃至焦黑色色泽，影响菜肴品质。

第四节　　豆类及制品

1 腐竹炒菜薹

烹调方法：炒

选料：

菜薹	40g
腐竹	5g
黑木耳（干）	1g
食盐	0.5g
高汤	50g
熟猪油	3g
香油	1g

本菜所含主要营养量参考值：

蛋白质（g）	脂肪（g）
3.94	6.45

碳水化合物（g）	热量（kcal）
3.12	84.5

 工艺流程

1. 腐竹用温水浸泡回软，切成长约3cm的段；菜薹切成长约3cm的段；黑木耳温水浸泡回软后加工成片状。

2. 锅置旺火中，下底油，放入菜薹、腐竹、黑木耳和高汤烧沸，用盐调和滋味，翻炒至菜薹成熟后淋上香油装盆。

注

腐竹浸泡时间约10分钟，时间不宜过长，否则容易出现过软现象。

小贴士：

腐竹用大豆加工而成。优质腐竹呈黄色，有光泽，质脆易折，条状折断有空心，无霉斑、杂质、虫蛀；有固有的豆香味，无其他异味。

腐竹的制作工序与油皮（豆腐皮）相似，将豆浆表面的薄膜挑起后，卷成杆状，经充分干燥后制成。

② 油面筋嵌肉

烹调方法：烧

选料：

油面筋	3只
猪肉	30g
青菜	30g
蛋液	10g
盐	0.3g
高汤	50g
黄酒	3g
酱油	2g
淀粉	2g
色拉油	4g

本菜所含主要营养量参考值：

蛋白质（g）	脂肪（g）
9.97	12.09

碳水化合物（g）	热量（kcal）
6.58	175.0

工艺流程

1. 猪肉剁成末加蛋液、盐、绍酒调味拌匀，油面筋掏一小孔镶嵌入拌匀的肉馅，上笼蒸熟；青菜切长3cm的段待用。

2. 锅置中火上投入蒸熟的油面筋、绍酒、酱油、高汤，调味后用水淀粉勾糊芡，待用。

3. 锅置旺火上留底油，放入青菜翻炒，加盐、高汤调味装盆，上面放入油面筋。

附 **主食、点心类**

① 草籽炒年糕

选料:

草籽	15g
年糕片	50g
猪瘦肉	5g
盐	0.5g
黄酒	2g
高汤	50g
猪油	4g

本菜所含主要营养量参考值:

蛋白质（g）	脂肪（g）
4.04	5.96
碳水化合物（g）	热量（kcal）
18.48	142.5

工艺流程

1. 瘦肉切成长约5cm、筷子粗细的丝，草籽切成长约4cm的段，年糕片用温水浸泡。

2. 锅置中火上，下底油，投入肉丝煸炒成熟后，放入草籽、年糕片、黄酒和高汤翻炒成熟，用盐调和滋味，出锅装盆。

② 肉松粥

选料：

大米	15g
肉松	3g
生菜	10g
盐	1g

本菜所含主要营养量参考值：

蛋白质（g）	脂肪（g）	碳水化合物（g）	热量（kcal）
2.58	1.70	13.35	78.7

工艺流程

1. 生菜撕成长约4cm的条状。

2. 锅置中火上，放入大米熬煮成黏稠状白粥，加入盐调和滋味，盛入碗中放上生菜和肉松即可。

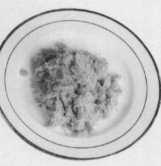

3 皮蛋瘦肉粥

选料：

皮蛋	10g
瘦肉	5g
大米	15g
葱	2g
生姜	1g
高汤（或水）	50g
盐	1g

本菜所含主要营养量参考值：

蛋白质（g）	脂肪（g）
4.22	2.84

碳水化合物（g）	热量（kcal）
12.33	92.9

工艺流程

1. 皮蛋切成指甲大小的丁，瘦肉、生姜和葱切成末。

2. 大米熬成黏稠状的白粥。

3. 锅置中火上，放入高汤、白粥、瘦肉和生姜末加热至瘦肉成熟，再放入皮蛋丁，用盐调和滋味后撒上葱末装碗。

4 八宝粥

选料:

糯米	10g
白糖	6g
赤豆	3g
花生米	3g
薏米	3g
无核枣	3g
葡萄干	2g
莲子	2g
桂圆肉	2g

本菜所含主要营养量参考值:

蛋白质（g）	脂肪（g）
3.05	1.63
碳水化合物（g）	热量（kcal）
25.03	125.3

工艺流程

1. 花生米去红衣后和赤豆一起用温水浸泡回软，枣用温水浸泡回软。

2. 莲子涨发：用沸水化开食用碱面，把莲子浸在碱水溶液约5分钟至回软，再用清水漂尽碱味。

3. 糯米、薏米、莲子、花生米和赤豆加水熬成米粥，

4. 锅置中火上，在米粥中加入葡萄干、枣和桂圆肉煮沸，再用白糖调和滋味后装碗。

注 莲子涨发时食用碱面兑温水的比例约是水重量的2%。

学龄前儿童春季带量食谱

5 五香茶叶蛋

选料：

鸡蛋	60g
桂皮	2g
茴香	2g
酱油	3g
葱	2g
姜片	2g
白糖	2g
红茶末	2g

（以1人用量计）

本菜所含主要营养量参考值：

蛋白质（g）	脂肪（g）	碳水化合物（g）	热量（kcal）
7.88	4.8	6.44	93.9

工艺流程

1. 鸡蛋用水煮熟后敲裂蛋壳。

2. 锅置中火上，放入水、调味包（红茶末、桂皮、茴香）、酱油、葱、姜片和白糖调制成卤汁，再把熟鸡蛋放在卤汁中加热2小时即可。

6 香油素包

选料：（以35只计）

胚料：

中筋面粉	500g
干酵母	9g
白糖	25g
温水	275mL

馅料：

香干	80g
青菜	100g
水发香菇	100g
胡萝卜	50g
蘑菇	100g
香油	10mL
盐	5g
葱末	5g
姜末	5g
色拉油	50mL
淀粉	10g
高汤	30mL

本菜所含主要营养量参考值：

蛋白质（g）	脂肪（g）
72	70.6

碳水化合物（g）	热量（kcal）
438.34	2660

工艺流程

1. 馅心调制：将香干、香菇、胡萝卜和蘑菇切成小丁；青菜放入沸水中焯水，再切成末。锅置中火上，下底油，用葱姜煸香后加入香干、香菇、胡萝卜、蘑菇和青菜，用盐调味后用湿淀粉勾芡成馅心，晾凉。

2. 面团调制：将面粉倒在案板上与干酵母、白糖、微温水调制成面团，揉匀揉透。用湿布盖好醒发约15分钟。

3. 生胚成形：将发好的面团揉匀揉光，搓成长条，摘成35个剂子，用手掌拍扁，擀成直径约8cm中间厚、周边薄的圆皮。包上馅料捏出皱褶，将口捏拢即成生胚。

4. 生胚熟制：将装有生胚的蒸笼放在蒸锅上，蒸约7分钟，待皮子不粘手、有光泽、按一下能弹回即可出笼，装盆。

7 花卷

选料：（以40只计）

胚料：

中筋面粉	250g
干酵母	4g
无铝泡打粉	4g
糖	13g
微温水	125mL

馅料：

熟瘦火腿	30g
葱末	20g
色拉油	30mL

本菜所含主要营养量参考值：

蛋白质（g）	脂肪（g）	碳水化合物（g）	热量（kcal）
31.74	39.79	207.52	1324.5

工艺流程

1. 馅心调制：将瘦火腿蒸熟，切成细末，再加葱末拌匀成馅心。

2. 面团调制：将面粉倒在案板上与泡打粉、干酵母、白糖、温水调成面团，揉匀揉透。用湿布盖好醒发约15分钟。

3. 生胚成形：

将酵面揉光，用面杖擀成约0.3cm厚的长方形片，均匀地涂上色拉油、撒上馅心。将皮子从两边由外向里对卷，用快刀切成20段。

在每段的反面，再用快刀切一下，注意不要到底，使底层的胚皮相连，将两边向下翻平，刀切面朝上，即成四喜卷子生胚，放入刷过油的笼内醒发约15分钟。

4. 生胚成熟：将装有生胚的蒸笼放在蒸锅上，蒸约6分钟，待皮子不粘手、有光泽，按一下能弹回即可出笼。

⑧ 菜肉馄饨

选料：

猪瘦肉	8g
菜蕻	8g
大馄饨皮4张	40g
盐	1g
葱	2g

本菜所含主要营养量参考值：

蛋白质（g）	脂肪（g）	碳水化合物（g）	热量（kcal）
5.68	0.78	30.86	153.8

工艺流程

1. 猪瘦肉和菜蕻分别剁成末，一起放入碗中加入盐搅拌成馅心，葱切成末。

2. 把馅心包入馄饨皮中。

3. 锅置旺火上，加水烧沸，放入馄饨烧开，转入小火加入冷水150mL，第二次烧开后，捞出馄饨放入碗中，舀入少许原汤、浇入麻油和葱末上席。

注

馄饨加热成熟时需控制时间，忌太熟。

9 杂粮米粥

选料：

糙米	5g
粳米	10g
绿豆	3g
红豆	3g
玉米	3g
糖	1g

本菜所含主要营养量参考值：

蛋白质（g）	脂肪（g）	碳水化合物（g）	热量（kcal）
4.47	0.76	15.78	86.8

工艺流程

1. 糙米用温水浸泡4小时，玉米、绿豆、红豆用温水浸泡12小时。

2. 把糙米、粳米和水等杂粮放入高压锅中，熬制成黏稠状的米粥，用糖调和滋味。

注

1. 杂粮替代品较多，可以放入红薯或南瓜等。

2. 水量一般盖过米粒等约10cm。

第五章

学龄前儿童
夏季带量食谱

① 笋干炖老鸭

烹调方法：炖

选料：

羊尾笋干	10g
芝麻光鸭	40g
黑木耳	1g
葱结	2g
生姜片	2g
黄酒	2g
食盐	1g

本菜所含主要营养量参考值：

蛋白质（g）	脂肪（g）	碳水化合物（g）	热量（kcal）
4.5	5.99	1.08	76.23

工艺流程

1. 笋干用清水浸泡回软，撕成筷子粗细的条，再切成长约3cm的段；黑木耳用温水浸泡回软。

2. 鸭肉剁成约3cm见方的块，投入沸水锅中烧沸，捞出再清洗干净。

3. 锅置中旺火上，放入鸭块、葱结、姜片和黄酒烧沸后转小火焖烧2小时，焖烧至鸭块酥软状，放入笋干、黑木耳略烧，用盐调和滋味后装盆。

小贴士：

鸭肉性凉、味甘，特别适合夏季食用。雄而肥大极老者佳，同火腿、海参煨（小火长时间加热）食，补力尤胜。

② 肉片丝瓜

烹调方法：炒

选料：

猪瘦肉	15g
丝瓜	40g
食盐	0.5g
高汤	50g
菜籽油	4g
淀粉	2g

本菜所含主要营养量参考值：

蛋白质（g）	脂肪（g）	碳水化合物（g）	热量（kcal）
3.68	6.19	3.21	83.3

工艺流程

1. 丝瓜去皮后切成长约3cm、宽约1cm的条状。

2. 猪肉切成长约3cm、宽约1cm、厚约0.3cm的片状。

3. 锅置中火上，下底油，投入肉片、丝瓜煸炒，然后加入高汤略焖，再用盐调和滋味，最后用湿淀粉勾芡，出锅装盆。

小贴士：

丝瓜也称天络丝、天吊瓜，分普通丝瓜和有棱丝瓜两种。普通丝瓜果长呈圆筒形，瓜面无棱，光滑或具有细皱纹，有数条深绿色纵纹，幼瓜肉质较柔嫩。有棱丝瓜又名八棱瓜，果呈纺锤形或棒形，表面有8—10条棱线，肉质致密。丝瓜在夏秋季节收获，绿色，嫩果可供食用，老熟果纤维发达，不能食用。丝瓜常切片使用；作主料适宜炒或制汤；质地滑嫩，口味以清淡为佳。

067

③ 长瓜塞肉

烹调方法：烧

选料：

长瓜（夜开花）	40g
猪肉	20g
酱油	3g
盐	0.5g
黄酒	2g
糖	1g
高汤	70g
玉米油	约6g

本菜所含主要营养量参考值：

蛋白质（g）	脂肪（g）	碳水化合物（g）	热量（kcal）
3.79	13.08	1.36	138.3

工艺流程

1. 长瓜去皮后切成长约4cm的段，然后将长瓜中间挖空；猪肉剁成末。

2. 肉末中加入盐和黄酒搅拌均匀，然后塞入长瓜中，用小刀蘸水把肉馅表面整理光洁。

3. 锅置旺火上，放入油加热至180℃时倒入塞肉的长瓜略炸，捞出沥油。

4. 原锅留底油，置中火上，放入塞肉的长瓜、高汤、酱油和糖焖烧，待长瓜入味后用湿淀粉勾芡，出锅装盆。

（注）

1. 塞入肉馅后的长瓜经油炸后容易造成肉馅脱落，所以操作时要轻拿轻放。

2. 塞入肉馅后的长瓜段也可以上笼蒸，熟后再在长瓜段上浇淋调味品。

④ 炖猪蹄

烹调方法： 炖

选料：

猪蹄	55g
油面筋	5g
羊尾笋	5g
葱	2g

本菜所含主要营养量参考值：

蛋白质（g）	脂肪（g）
8.19	7.26

碳水化合物（g）	热量（kcal）
2.11	106.5

工艺流程

1. 猪蹄剁成约4cm见方的块，羊尾笋撕成长约6cm、筷子粗细的条，葱切成长约4cm的段。

2. 猪蹄放入高压锅或用蒸汽蒸至酥软状，出锅待用。

3. 锅中加入猪蹄、原汤、羊尾笋、油面筋和水烧沸，用盐调和滋味，撒上葱段装碗。

注 油面筋用开水浸泡回软。

069

5 番茄炒蛋

烹调方法：炒

选料：

番茄	30g
鸡蛋	40g
黄酒	2g
食盐	0.5g
葱	2g
菜籽油	4g

本菜所含主要营养量参考值：

蛋白质（g）	脂肪（g）	碳水化合物（g）	热量（kcal）
5.01	8.1	2.57	103.2

工艺流程

1. 番茄切成滚料块；鸡蛋磕开，加黄酒和食盐打匀；葱切成长约4cm的段。

2. 番茄在沸水锅中略滚后捞出，沥干水分待用。

3. 锅置旺火上，下底油，加热至七成热，倒入蛋液、番茄翻炒至蛋液凝固，拨散成小块状，撒上葱段出锅装盆。

6 鹅血豆腐羹

烹调方法：烩

选料：

鹅血	20g
嫩豆腐	25g
食盐	1g
高汤	150g
淀粉	3g
酱油	1g
葱	3g
姜	1g
黄酒	2g
葵花籽油	3g

工艺流程

1. 嫩豆腐和鹅血都切成约2cm见方的丁；葱切成末，葱白切成段；姜切丝。

2. 豆腐和鹅血分别放入沸水锅中略烫，捞出沥水待用。

3. 锅置旺火上，下底油，用葱白和姜丝炝锅后加高汤、豆腐和鹅血烧沸，用盐和酱油调和滋味，再用湿淀粉勾薄芡，撒上葱末出锅装盆。

本菜所含主要营养量参考值：

蛋白质（g）	脂肪（g）	碳水化合物（g）	热量（kcal）
4.8	7.09	4.24	100

注

1. 沸水烫鹅血时间宜短，或用沸水浇淋鹅血也可以。

2. 豆腐在沸水略烫后能去除部分豆腥味。

小贴士：

豆腐在烹饪中使用广泛，可以用于多种烹调方法。豆腐营养价值很高，它不但包含了大豆的全部营养成分，而且去掉了大豆中的粗纤维，有助于提高人体对大豆中各类营养物质的吸收。豆腐以高蛋白质、低脂肪、不含胆固醇、物美价廉、制作简便、制作方法多样等特点而受到消费者的欢迎。盒装豆腐应注意生产和保质时间。

071

7 肉末炖蛋

烹调方法：蒸

选料：

鹌鹑蛋	25g
猪肉	20g
酱油	2g
嫩豆腐	10g
黄酒	2g
食盐	1g

本菜所含主要营养量参考值：

蛋白质（g）	脂肪（g）	碳水化合物（g）	热量（kcal）
7.85	5.74	1.71	89.9

工艺流程

1. 猪肉加工成细末，加入酱油、嫩豆腐和黄酒搅拌上劲装碗，肉末中间掏成凹槽。

2. 蛋撬开放在凹槽中，撒上食盐，上笼（或蒸箱）蒸熟即可。

注 鹌鹑蛋也可以用鸡蛋等其他蛋类替代。

学龄前儿童夏季带量食谱

8 肉丝豆腐羹

烹调方法： 烩

选料：

内酯嫩豆腐	30g
猪肉	10g
榨菜	5g
葱	2g
盐	1g
黄酒	2g
淀粉	2g
豆油	4g
高汤	120mL

本菜所含主要营养量参考值：

蛋白质（g）	脂肪（g）
5.99	9.1
碳水化合物（g）	热量（kcal）
3.62	120.3

工艺流程

1. 猪肉切成筷子粗细状丝，榨菜切成牙签粗细状丝，葱白切成长约4cm的段。

2. 豆腐切成约2cm见方的块，放入沸水锅中焯水，捞出沥干水分。

3. 锅置中火上，下底油，煸炒葱白段、肉丝出香味后投入黄酒、豆腐、榨菜和高汤，烧沸，用盐调和滋味，勾薄芡后出锅装盆。

注 豆腐沸水略烫后能去除部分豆腥味。

9 黄豆炖猪仔排

烹调方法：炖

选料：

黄豆	10g
猪仔排	25g
鲜玉米	20g
食盐	0.5g
黄酒	2g

本菜所含主要营养量参考值：

蛋白质（g）	脂肪（g）	碳水化合物（g）	热量（kcal）
6.88	5.87	5.65	102.9

工艺流程

1. 大豆用温水浸泡6~8小时至回软，鲜玉米、仔排都加工成长约2cm的块状。

2. 仔排放入沸水锅中焯水，捞出洗净血污后待用。

3. 锅置旺火上，放入水、黄豆、仔排和黄酒，烧沸汤汁，转小火焖烧2小时，放入鲜玉米加热5分钟，再用盐调和滋味，出锅装盆。

（注）涨发后大豆和焯水后的仔排可以放在高压锅中加热，速度快，效果好。

10 百叶结烤肉

烹调方法： 烧

选料：

百叶（千张）	15g
猪五花肉	35g
酱油	5g
黄酒	2g
白糖	2g
葵花籽油	4g

本菜所含主要营养量参考值：

蛋白质（g）	脂肪（g）
6.82	9.14

碳水化合物（g）	热量（kcal）
2.81	300.7

工艺流程

1. 将百叶切成长约25cm、宽约12cm的长方片，卷成筒状后打成结状，再用沸水烫泡3分钟至熟软状，捞出沥水。

2. 猪肉切成约2cm见方的块。

3. 锅置中火上，下底油，投入猪肉、黄酒和水烧沸，加热至猪肉软熟后放入酱油、白糖和百叶结再焖烧5分钟，出锅装盆。

小贴士：

百叶又称千张、豆皮，属于大豆制品，可以包裹各种馅料如虾仁馅、素馅等。

注 传统百叶结处理方法：沸水中加入水量的2%左右的食用碱，搅拌均匀，使其形成碱溶液，再烫泡百叶结，最后用清水漂洗去碱味。

075

11 糖醋里脊

烹调方法：熘

选料：

猪里脊肉	45g
白砂糖	4g
醋	3g
酱油	3g
黄酒	2g
淀粉	10g
面粉	5g
盐	0.2g
菜籽油	约7g

本菜所含主要营养量参考值：

蛋白质（g）	脂肪（g）
9.79	7.64

碳水化合物（g）	热量（kcal）
16.61	174.4

注

1. 油炸里脊块分三步处理：a.油炸定型成块状；b.肉块间去除粘连，炸至里外成熟；c.再次油炸至表层酥脆。

2. 糖醋汁调制方法详见熘鱼块。

3. 若采用仔排替代里脊肉就是糖醋排骨，但油炸后的仔排质地较老，不适合学龄前儿童和老年人食用。

工艺流程

1. 瘦肉加工成长和宽约2cm、厚约0.5cm的块，加盐、黄酒腌渍入味。

2. 淀粉和面粉以7:3比例加水调和，调成略有下滴状的面糊，放入瘦肉包裹上面糊。

3. 锅置旺火上，油加热至180℃左右，将挂糊的瘦肉逐块分散投入到油锅中，炸至外酥脆、里鲜嫩状，捞出沥油。

4. 原锅置中火上，放入水、白糖、醋、酱油和黄酒调制成糖醋味，烧沸后用湿淀粉勾芡，倒入炸好的里脊肉翻拌均匀，出锅装盆。

 小贴士：

里脊肉是猪肉中最嫩的一块肉，全长约20cm，呈扁圆形，内有细筋。可切丁、丝、条等，适宜于炸、爆、炒等烹调方法。

12 虎皮蛋焖仔排

烹调方法：焖

选料：

鹌鹑蛋	30g
猪仔排	25g
香菇（干）	2g
白砂糖	4g
酱油	5g
桂皮	1g
茴香	1g
黄酒	2g
色拉油	150g 实耗约6g

本菜所含主要营养量参考值：

蛋白质（g）	脂肪（g）
6.68	13.09

碳水化合物（g）	热量（kcal）
7.69	175.3

工艺流程

1. 香菇用温水浸泡回软；仔排斩成约2cm见方的块，然后用沸水焯水，捞出沥去血水；鹌鹑蛋水煮成熟后剥去壳，涂抹上酱油上色。

2. 锅置旺火上，油加热至180℃左右，将上色的鹌鹑蛋油炸成外表皮起皱、色呈琥珀状，捞出沥油。

3. 原锅置中火上，加入仔排、鹌鹑蛋、水发香菇、白糖、酱油、桂皮、茴香、绍酒和水烧沸，转小火焖烧至仔排呈酥软状，出锅装盆（拣去桂皮、茴香）。

小贴士：

现在鹌鹑蛋在烹调中逐渐取代了鸽子蛋的地位。一般多为整只使用，制作菜肴时常利用其小巧玲珑、色白浑圆的特点，在花色菜肴中配菜点缀使用。

077

⑬ 咸肉冬瓜汤

烹调方法：焖

选料：

咸肉（自制）5g

冬瓜　　　60g

葱　　　　1g

本菜所含主要营养量参考值：

蛋白质（g）	脂肪（g）
0.99	1.88

碳水化合物（g）	热量（kcal）
1.04	25.0

工艺流程

1. 咸肉切成筷子粗细的丝，冬瓜切成长约4cm、厚约0.3cm的片。
2. 锅中放入水、冬瓜和咸肉，用大火烧沸后转小火焖烧至冬瓜成熟，撒上葱末即可。

小贴士：

　　冬瓜又称白瓜、枕瓜等，夏秋季采收。冬瓜以肉质结实、皮薄肉厚、心小、皮色青绿、形状周正、无损伤、皮不软不烂者为佳。冬瓜在刀工处理时一般切成片、块，适于煮、炖、熬、镶等烹调方法。冬瓜本身味清淡，可以配以鲜味较浓的原料；用冬瓜制作的菜肴一般不宜加酱油，否则菜肴的口味发酸。

第二节 水产品类

1 贻贝荷兰豆

烹调方法：炒

选料：

贻贝	60g
荷兰豆	40g
蒜泥	4g
葱	3g
生姜	2g
盐	2g
黄酒	2g
淀粉	2g
高汤	50g
葵花籽油	4g

本菜所含主要营养量参考值：

蛋白质（g）	脂肪（g）	碳水化合物（g）	热量（kcal）
4.93	6.18	4.52	93.4

工艺流程

1. 葱打结，生姜切成片，荷兰豆去边筋后撕成小块。

2. 锅置旺火上，放入贻贝、水、黄酒、盐和葱结，烧至贻贝口张开，捞出取肉待用。

3. 荷兰豆在沸水锅中焯水至成熟，捞出用冷水冲凉。

4. 锅置中火上，下底油，煸香蒜泥后，放入荷兰豆、高汤和贻贝肉烧沸，用盐调和滋味，再用湿淀粉勾薄芡，出锅装盆。

注　贻贝取肉加热时间忌长，否则造成肉质变老。

② 牛奶柠檬鱼

烹调方法：煎

选料：

鳕鱼	50g
西红柿	25g
洋葱	10g
面粉	10g
淀粉	50g
牛奶	100mL
黄酒	2g
柠檬汁	50mL
青椒丁	20g
盐	1g
糖	1g
橄榄油	5g

本菜所含主要营养量参考值：

蛋白质（g）	脂肪（g）
14.78	8.28

碳水化合物（g）	热量（kcal）
23.68	228.4

工艺流程

1. 鳕鱼切成厚约1cm的片，加盐、黄酒腌渍30分钟至入味；洋葱切成末；西红柿切成厚约1.5cm的片。

2. 鱼片放在淀粉和面粉（1:1调和）中拍上粉，西红柿截面蘸上面粉。

3. 锅置中火上，放入油，把鳕鱼煎成两面呈浅黄色至成熟，西红柿两面也略煎后装盆。

4. 锅置小火上，放入油，煸炒洋葱出香味，加入牛奶、糖、盐、柠檬汁和青椒丁烧沸，调和滋味后勾薄芡，淋在鱼和西红柿上即可。

小贴士：

鳕鱼属冷水性底层鱼类，为北方沿海出产的海洋经济鱼类之一。其肉质白细鲜嫩，清口不腻，世界上不少国家把鳕鱼作为主要食用鱼类。在北欧，鳕鱼被称为"餐桌上的营养师"，除鲜食外，还加工成各种水产食品。此外鳕鱼肝大而且含油量高，富含维生素A和D，是提取鱼肝油的原料。

③ 长瓜蛏子羹

烹调方法：烩

选料：

长瓜（夜开花）	35g
蛏子	30g
鸡蛋	20g
胡萝卜	5g
食盐	0.5g
高汤	150g
玉米油	3g
黄酒	2g
淀粉	4g

本菜所含主要营养量参考值：

蛋白质（g）	脂肪（g）	碳水化合物（g）	热量（kcal）
5.86	8.66	5.89	124.9

工艺流程

1. 蛏子用沸水锅焯水至成熟，捞出取出肉，切成长约2cm的小块；胡萝卜、长瓜都切成长约4cm、筷子粗细的丝状。

2. 锅置旺火上，下底油，将长瓜、胡萝卜煸炒后加入高汤和黄酒烧沸，用盐调和滋味，勾薄芡后再放入蛏子肉，然后从锅边四周浇淋入蛋清，推搅均匀后出锅装盆。

注

1. 蛏子在沸水锅焯水时宜控制加热时间，蛏子外壳微张开时即可捞出取肉。

2. 蛋清比较容易成熟，加热时间宜短。

④ 香炸鱼球

烹调方法：炸

选料：

鲢鱼	70g
鸡蛋	20g
面包糠	15g
食盐	0.5g
葱末	2g
姜茸	1g
淀粉	2g
黄酒	2g
玉米油	150g
实耗约6g	

本菜所含主要营养量参考值：

蛋白质（g）	脂肪（g）	碳水化合物（g）	热量（kcal）
11.34	10.1	10.03	176.4

工艺流程

1. 把鲢鱼肉用绞肉机绞打成鱼泥状，加入鸡蛋液、盐、葱白末、姜茸和淀粉混合拌匀。

2. 将拌好的鱼泥挤成杨梅大小的丸子，并黏上一层面包糠。

3. 锅置旺火上，油加热至200℃左右，把鱼肉丸子入锅炸至色呈金黄色、表面酥脆状，捞出沥干油装盆。

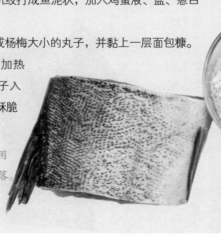

注 鱼丸黏上面包糠后应用手捏几下，使面包糠不脱落。

⑤ 熏鱼

烹调方法：烹

选料：

草鱼	80g
白芝麻	2g
白糖	5g
红醋	5g
酱油	3g
黄酒	2g
葱末	2g
生姜末	2g
蒜末	2g
玉米油	约耗6g

本菜所含主要营养量参考值：

蛋白质（g）	脂肪（g）	碳水化合物（g）	热量（kcal）
8.1	17.27	5.27	208.9

工艺流程

1. 草鱼切成厚约1cm的块状，加酱油腌渍入味；白芝麻直接入锅炒熟。

2. 锅置旺火上，油加热至六成热时，投入腌渍的鱼块油炸，至鱼块外酥脆、里鲜嫩，捞出沥油。

3. 原锅留底油，煸炒葱末、姜末、蒜末出香味后，放入醋、酱油和糖调制成糖醋汁，用中小火收浓卤汁后倒入鱼块，翻拌均匀后撒上白芝麻，出锅装盘。

注

1. 鱼块油炸时表面若没有结硬壳时不宜翻动，以防止鱼肉碎裂。

2. 糖醋汁在加热中随水分蒸发，慢慢会成黏稠状。

6 油爆河虾

烹调方法：烹

选料：

河虾	50g
白砂糖	3g
红醋	3g
酱油	3g
黄酒	2g
姜末	2g
菜籽油	150g
	实耗约6g

本菜所含主要营养量参考值：

蛋白质（g）	脂肪（g）	碳水化合物（g）	热量（kcal）
7.05	6.97	2.97	102.8

工艺流程

1. 锅置旺火上，油加热到约200℃放入河虾炸至成熟后捞出，待油温恢复到200℃时，把虾第二次炸至壳肉分离，捞出沥油。

2. 锅置中火上，放入水、白糖、红醋、酱油、绍酒和姜末，加热稠浓卤汁后，倒入炸好的河虾，翻拌均匀出锅装盆。

 小贴士：

烹调方法中爆和烹容易混合，爆菜在选料上要求脆韧、加热时间短促、口味变化多样、多加入蒜末等，芡汁要求包裹紧原料；烹菜一般在原料油炸成熟后加入糖醋清汁，成品菜不勾芡。

⑦ 椒盐虾潺

烹调方法：炸

选料：

虾潺	70g
葱	3g
姜	1g
食盐	0.2g
椒盐	1g
黄酒	2g
淀粉	7g
面粉	3g
葵花籽油	200g

（实耗约6g）

本菜所含主要营养量参考值：

蛋白质（g）	脂肪（g）	碳水化合物（g）	热量（kcal）
7.27	7.58	8.41	130.9

（注:虾潺以海虾代计算）

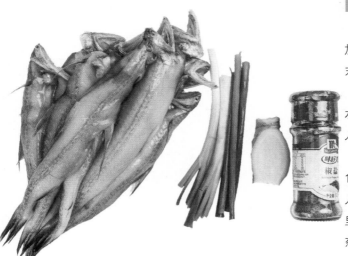

工艺流程

1. 葱、姜切成末，把虾潺加工成长约3cm的段，加葱、姜末、食盐和黄酒腌制入味。

2. 淀粉、面粉以7:3比例加水调制成略有下滴状的面糊，放入虾潺包裹上面糊。

3. 锅置旺火上，油加热至180℃时，将挂糊的虾潺分散投入油锅中油炸，至虾潺外酥脆、里鲜嫩，捞出沥油，装盆时撒上葱末，随带椒盐上席。

8 虾潺烧豆腐

烹调方法： 白烧

选料：

虾潺	40g
嫩豆腐	40g
葱	3g
生姜	2g
黄酒	2g
盐	2g
豆油	4g

本菜所含主要营养量参考值：

蛋白质（g）	脂肪（g）	碳水化合物（g）	热量（kcal）
5.43	5.48	3.79	86.2

（注:虾潺以海虾代计算）

 工艺流程

1. 虾潺切成长6~7cm的段，豆腐切成2cm见方的块，生姜切成丝，葱切成段。

2. 豆腐放在沸水锅焯水后捞出沥水。

3. 锅置中火上，放入底油，加热至150℃后，用葱白段、生姜丝炝锅，放入虾潺、豆腐、黄酒、水和盐，焖烧至成熟入味后撒上葱段，出锅装碗。

小贴士：

虾潺一般指龙头鱼。龙头鱼，灯笼鱼目，龙头鱼科，分布于太平洋、印度北部的河口，为沿海中、下层鱼类，是中国沿海常见食用鱼类。最大体长达40cm，色暗，淡灰色或褐色，具黑色细点。口大、前位，尾鳍叉形，胸鳍及腹鳍大。

⑨ 炒鳝丝

烹调方法：炒

选料：

鳝鱼	60g
韭菜	5g
茭白	20g
酱油	2g
高汤	20g
葱	4g
姜	2g
香油	1g
淀粉	2g
黄酒	2g
胡椒粉	0.1g
玉米油	4g

本菜所含主要营养量参考值：

蛋白质（g）	脂肪（g）	碳水化合物（g）	热量（kcal）
9.38	6.47	6.29	120.9

工艺流程

1. 鳝丝切成长约4cm的段，韭菜和葱切成长约3cm的段，茭白切成韭菜宽的片，姜切细丝。

2. 锅置旺火上，下底油煸炒鳝丝至两端上翘时加入茭白片、韭菜和高汤烧沸，用酱油调和滋味，再用湿淀粉勾芡，装盆时撒上葱末，浇淋入香油和胡椒粉。

注 韭菜比较容易成熟且易渗水，故需要控制好加热时间。

087

⑩ 吐司虾卷

烹调方法：炸

选料：

虾仁	30g
鸡蛋	60g
面包糠	10g
葱	2g
食盐	0.5g
干淀粉	6g
玉米油	150g
	约耗7g

本菜所含主要营养量参考值：

蛋白质（g）	脂肪（g）	碳水化合物（g）	热量（kcal）
21.17	14.24	12.16	261.5

注

1. 蛋皮可以改刀成长16~20cm，宽6~8cm长方形片状。

2. 蛋皮边角料可以切成小块状组合在馅料内。

小贴士：

面包糠是面包干燥后搓成的碎渣，制作煎炸类菜点时，黏挂在主、配料表面，在菜点受热时易上色、增香，面包糠中的蛋白与糖类起羰氨反应，可使煎炸制品表面酥松、质感良好。

工艺流程

1. 葱切成末，虾仁剁成茸状，加盐、葱末和蛋清调和成馅料。

2. 蛋液打匀，在平底锅中用小火贴成蛋皮，将蛋皮改刀成长方片，再将虾茸均匀地抹于蛋皮一端，卷成虾卷，用蛋液封口。

3. 将虾卷放在干淀粉中沾匀淀粉，然后粘裹上蛋液，再在虾卷四周蘸上面包糠。

4. 锅置中火上，将虾卷投入150℃左右的油温炸，至虾卷外表呈金黄色成熟，捞出沥油，改刀成菱形状即可。

 蔬菜、菌菇类

1 酱爆茄子

烹调方法：烧

选料：

茄子	40g
小年糕	10g
猪肉末	10g
甜面酱	2g
酱油	1g
白糖	1g
高汤	50g
菜籽油	150g
（约耗7g）	

本菜所含主要营养量参考值：

蛋白质（g）	脂肪（g）	碳水化合物（g）	热量（kcal）
3.26	9.52	7.07	127.0

工艺流程

1. 茄子切滚料块，小年糕用温水浸泡回软。

2. 锅置旺火上，油加热至180℃左右时投入茄子过油至成熟，捞出沥油。

3. 原锅留底油，置中火上，把肉末煸炒至酥软，加入茄子、小年糕和高汤烧沸，用甜面酱、酱油和白糖调和滋味，用中火焖烧至茄子入味，再用湿淀粉勾芡，出锅装盆。

（注）

1. 茄子过油时会吸收大量的油，在调味加热前必须控干多余油脂。

2. 甜面酱滋味较咸，所以要控制好其他咸味调味品的投放数量。

② 椒盐薯条

烹调方法：炸

选料：

土豆　　　　60g

椒盐　　　　2g

葵花籽油　　约6g

本菜所含主要营养量参考值：

蛋白质（g）	脂肪（g）	碳水化合物（g）	热量（kcal）
4.52	6.05	9.7	111.3

工艺流程

1. 土豆去皮后切成长8cm左右、呈筷子粗细的条后，用清水浸泡待用。

2. 把土豆条放入沸水锅中，煮至6成熟时捞出沥水。

3. 锅置中火上，倒入油加热至150℃时，放入土豆条，炸至水分基本蒸发干、色呈微焦黄色时捞出沥油，撒上椒盐装盆。

3 红腰豆炒双片

烹调方法：炒

选料：

红腰豆	10g
淮山药	30g
莴笋	30g
食盐	0.5g
高汤	50g
淀粉	2g
花生油	4g

本菜所含主要营养量参考值：

蛋白质（g）	脂肪（g）	碳水化合物（g）	热量（kcal）
3.46	5.36	38.41	215.7

工艺流程

1. 红腰豆入沸水锅焯约1分钟至成熟，捞出沥水；山药去皮，切片，在沸水锅中焯水至成熟，捞出沥水；莴笋切成片状。

2. 锅置中火上，下底油，加入红腰豆、山药、莴笋片和高汤烧沸，用盐调和滋味，再用湿淀粉勾芡，出锅装盆。

小贴士：

红腰豆原产于南美洲，是干豆中营养最丰富的一种，外形似"鸡腰子"，颗粒饱满，色泽红润自然。红腰豆可将胆固醇、盐分和对身体不必要的成分排出体外，因此被视为有解毒效果。红腰豆最值得一提的是它不含脂肪但含高纤维，能帮助降低胆固醇及控制血糖，糖尿病人也适合进食。素食者也十分适宜多进食红腰豆，可以通过进食红腰豆来补充缺少的铁质，从而帮助制造红血球，预防缺铁性贫血。

4 雪菜鞭笋汤

烹调方法：煮

选料：

雪菜　　　5g

鞭笋　　　20g

本菜所含主要营养量参考值：

蛋白质（g）	脂肪（g）
0.32	0.01

碳水化合物（g）	热量（kcal）
0.01	1.41

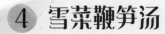

工艺流程

1. 雪菜梗切粒，鞭笋切成厚约0.2cm的片，葱切末。

2. 锅中放入鞭笋和水，用大火烧开后转小火焖烧20分钟至鞭笋成熟，放入雪菜粒煮沸后装盆。

小贴士：

雪菜的别名很多，在浙江、江苏叫"雪里蕻""九头芥""烧菜"等，它是我国长江流域普遍栽培的冬春两季重要蔬菜，叶柄和叶片皆可食用。雪菜由于富含芥子油，具有特殊的香辣味，其蛋白质水解后又能产生大量的氨基酸。腌制加工后的雪菜色泽鲜黄、香气浓郁、滋味清脆鲜美，无论是炒、蒸、煮、汤作为佐料，还是单独上桌食用，都深受城乡居民喜爱。

第四节 豆类及制品

1 上汤倭豆芽

烹调方法：煮

选料：

倭豆芽（蚕豆芽）	40g
牛肉	10g
高汤	150g
盐	1g
葱	3g
猪油	3g

本菜所含主要营养量参考值：

蛋白质（g）	脂肪（g）
10.14	6.68

碳水化合物（g）	热量（kcal）
4.5	118.7

工艺流程

1. 葱切成段，牛肉切成末。

2. 蚕豆芽加水焖至酥软，捞出沥水。

3. 锅置中火上，下底油，用葱白段炝锅，加入牛肉末煸炒至酥软后，放入蚕豆芽和高汤烧沸，用盐调和滋味，撒上葱段后出锅装盆。

小贴士：

蚕豆芽是干蚕豆经水泡发出芽而成的。蚕豆芽在烹调时以原来形状使用，以炖、煮、炒较多，可制作成"蚕豆煲"等菜肴，也是素菜的重要原料。

2 香菇烧豆腐

烹调方法：烧

选料：

老豆腐	50g
香菇（干）	2g
火腿	5g
盐	1g
葱	2g
番茄酱	5g
淀粉	1g
高汤	150mL
豆油	6g

本菜所含主要营养量参考值：

蛋白质（g）	脂肪（g）
8.66	13.69

碳水化合物（g）	热量（kcal）
3.05	170.1

工艺流程

1. 香菇用温水浸泡回软，切成片状；火腿蒸熟，冷却后切成指甲大小的片；老豆腐切成长约4cm、宽约2cm、厚约0.5cm的片；葱切成段。

2. 锅置旺火上，豆腐片用油煎或油炸的方法加热上色，使豆腐两面呈金黄色，捞出沥油。

3. 原锅控干油，置中火上，放入豆腐片、香菇、火腿和高汤烧沸，用番茄酱和盐调和滋味，再用湿淀粉勾芡，出锅装盘。

小贴士：

香菇因不耐高温，子实体常在立冬后至来年清明前产生，故又名冬菇。香菇按外形和质量分为花菇、厚菇、薄菇、菇丁四种。香菇有鲜品与干货制品之分。干香菇味醇厚香美，比鲜品好。以香气浓、菇肉厚实、个大、体形完整均匀，色泽黄褐色或黑褐色、菇面常微有白霜、菇褶紧密细白，菇柄短而粗壮、菇面裂有花纹、干燥者为上品。香菇是世界著名的四大栽培食用菌之一，在烹调中应用广泛，可以和多种原料搭配制作菜肴，也是制作素菜的重要原料。

③ 五香素鸡

烹调方法： 卤

选料：

素鸡	30g
娃娃菜	30g
酱油	5g
桂皮	1g
茴香	1g
黄酒	2g
玉米油	4g

本菜所含主要营养量参考值：

蛋白质（g）	脂肪（g）
5.31	7.78

碳水化合物（g）	热量（kcal）
5.39	112.8

工艺流程

1. 素鸡加工成厚约1cm的片，娃娃菜切成长约2cm的段。

2. 锅置旺火上，素鸡在六成热油温中油炸或煎，至素鸡色呈金黄色时捞出沥油。

3. 原锅留底油，放入素鸡、娃娃菜和水烧沸，用酱油、桂皮、茴香和黄酒调和滋味，转小火焖烧至素鸡入味，出锅装盆。

4 四季豆炒番茄

烹调方法：炒

选料：

四季豆	40g
番茄	20g
腐竹	5g
盐	0.5g
高汤	50g
花生油	4g

本菜所含主要营养量参考值：

蛋白质（g）	脂肪（g）
3.64	6.44
碳水化合物（g）	热量（kcal）
3.50	86.5

工艺流程

1. 四季豆切成片，在沸水锅中焯水至熟，捞出沥水；番茄切成小块；腐竹水发后切成长约3cm的段。

2. 锅置旺火上，下底油，加入四季豆、腐竹、番茄块和高汤烧沸，用盐调和滋味，出锅装盆。

 小贴士：

四季豆又称菜豆、芸豆等，在夏秋季收获。四季豆以鲜嫩、不老、不烂、无虫蛀、筋丝少、肉厚者为好。四季豆可加工成丝、段等形状，适于拌、炝、炒等烹调方法。四季豆加热必须达到成熟，未熟的四季豆含有皂甙和植物血凝素，容易产生中毒现象。

附： 主食、点心类

1 蚕豆咸肉糯米饭

烹调方法： 焖

选料：

鲜蚕豆	15g
鲜肉	5g
咸肉（自制五花肉）	5g
糯米	50g
玉米油	2g

工艺流程

1. 糯米用水浸泡涨发12小时后捞出沥水，鲜肉、咸肉都切成约0.5cm见方的小块。

2. 蚕豆去内壳。

3. 锅置中火上，放入底油、鲜肉、咸肉和蚕豆翻炒均匀，出锅待用。

4. 电饭煲中放入糯米、鲜肉、咸肉、蚕豆和水，焖煮，加热至米饭软糯后装盆。

本菜所含主要营养量参考值：

蛋白质（g）	脂肪（g）
6.94	4.52
碳水化合物（g）	热量（kcal）
40.03	228.6

小贴士：

糯米又称江米，有籼糯和粳糯之分。糯米硬度低，煮熟后透明、黏性强、胀性小、出饭率低。一般不作主食，多用于制作糕点。可制作八宝饭、糯米团子等。

2 墨鱼鲞茄子烩饭

烹调方法：烩

选料：

墨鱼鲞	10g
粳米	60g
胡萝卜	5g
紫皮长茄子	45g
白砂糖	1g
酱油	1g
黄酒	2g
淀粉	2g
高汤	50g
葱	2g
玉米油	200g
	实耗约5g

本菜所含主要营养量参考值：

蛋白质（g）	脂肪（g）
10.92	6.84
碳水化合物（g）	热量（kcal）
49.63	303.8

工艺流程

1. 墨鱼鲞放在冷水中浸泡6小时，切成边长约3cm见方的块；茄子切成长约6cm段；胡萝卜切成小丁；葱切成段。

2. 锅置旺火上，茄子在180℃油温中炸去多余的水分，捞出沥油。

3. 原锅留底油，置中火上，用葱白炝锅，加入茄子、墨鱼鲞和高汤烧沸，用黄酒、酱油和糖调和滋味，焖烧至茄子入味后用湿淀粉勾薄芡，出锅盖在粳米饭上。

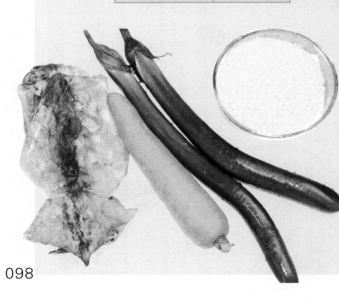

③ 酒酿蛋花圆子羹

烹调方法： 煮

选料：

酒酿	10g
小丸子（糯米粉制成）	30g
蛋液	5g
白糖	6g
糖桂花	0.5g
淀粉	3g

本菜所含主要营养量参考值：

蛋白质（g）	脂肪（g）
2.82	0.81

碳水化合物（g）	热量（kcal）
31.94	146.3

（注:酒酿、糖桂花未计算在内）

工艺流程

锅置旺火上，加水煮沸，放入小丸子烧沸，至小丸子漂浮于汤面后放入酒酿和白糖，用湿淀粉勾芡，浇淋入蛋液，推搅均匀后装碗，再撒上糖桂花。

小贴士：

酒酿又称甜酒酿、淋饭酒、醪糟等。酒酿以糯米蒸（或煮）成饭后，拌入酒药（也称酒曲）发酵制成。酒酿具有酒和桂花的香味，口味甜醇甘美。在南方应用较多，可直接食用。

099

④ 海鲜（黄鱼）面

烹调方法：煮

选料：

海虾	10g
贻贝肉（淡菜）	10g
小黄鱼肉	20g
雪菜	10g
面条（熟）	25g
食盐	0.5g
高汤	150g
玉米油	2g

本菜所含主要营养量参考值：

蛋白质（g）	脂肪（g）
8.37	6.54

碳水化合物（g）	热量（kcal）
19.23	169.3

工艺流程

1. 小黄鱼肉用斜刀批成片；海虾剪去须；贻贝用沸水焯水成熟，捞出取肉；雪菜切成粒。

2. 鱼肉用盐和淀粉上浆，然后在沸水锅中汆熟，捞出沥水；面条在沸水锅中煮熟后装碗。

3. 原锅置旺火上，下底油、鱼汤、海虾、淡菜肉、鱼肉和雪菜烧沸，用盐调和滋味，然后浇淋在面条上即可。

5 纸杯蛋糕

烹调方法：烘焙

选料（以1人用量计）：

蛋液	15g
低筋面粉	10g
白糖	5g
色拉油	2g
蛋糕纸杯	1只

本菜所含主要营养量参考值：

蛋白质（g）	脂肪（g）	碳水化合物（g）	热量（kcal）
2.9	3.66	12.59	94.9

（注:低筋粉由标准粉替代）

工艺流程

1. 将鸡蛋液、白糖加入打蛋筒内，打开打蛋机高速搅打至起泡、发白、呈黏稠状，然后加入面粉，慢速拌匀。

2. 将蛋糊倒入纸杯中，放入已预热到180℃的烤箱中烘烤20分钟，至蛋糕表面呈棕黄色即成。

6 奶黄包

烹调方法：蒸

选料：（以35只计）

胚料：中筋面粉500g、干酵母9g、白糖25g、温水275mL

馅料：蛋液150mL、牛奶150mL、白砂糖80g、面粉200g

本菜所含主要营养量参考值：

蛋白质（g）	脂肪（g）
2.88	0.86

碳水化合物（g）	热量（kcal）
18.09	91.2

（注:以上为一人的摄入量）

工艺流程

馅心调制：将蛋液、牛奶、糖和面粉搅匀制成馅料，放入蒸锅内蒸熟，晾凉后搓成直径约1.5cm的圆球，成馅心。

面团调制：将面粉倒在盆里与干酵母、白糖和温水调制成面团，揉匀揉透，盖上湿布醒发15分钟。

生胚成形：将发好的面团揉匀揉光，搓成长条，摘成35个剂子，用手掌拍扁，擀成直径约8cm、中间厚周边薄的胚皮，包上馅料捏拢成圆球状，即成生胚。

生胚熟制：将装有生胚的蒸笼放在蒸锅上，蒸7分钟，待皮子不粘手、有光泽、按一下能弹回时即可出笼，装盆。

⑦ 绿豆米仁汤

烹调方法：煮

选料：

绿豆	15g
米仁	10g
白糖	5g

本菜所含主要营养量参考值：

蛋白质（g）	脂肪（g）
5.6	0.49

碳水化合物（g）	热量（kcal）
24.26	123.9

工艺流程

1. 绿豆和米仁用水浸泡2小时。

2. 绿豆、米仁和水放入高压锅中加热，至绿豆、米仁成软烂状，加入白糖调和滋味，出锅装碗。

 小贴士：

米仁，又名薏苡仁、薏苡、苡米、薏仁米、沟子米，是薏苡的干燥成熟种仁。薏苡种仁是我国传统的食品资源之一，可做成粥、饭、各种面食，供人们食用。尤其适宜老弱病者。

103

8 燕麦粥

选料:

燕麦	15g
大米	10g
白糖	5g

本菜所含主要营养量参考值:

蛋白质（g）	脂肪（g）
2.16	0.41
碳水化合物（g）	热量（kcal）
22.61	102.8

工艺流程

1. 燕麦洗净，用温水浸泡2小时。

2. 燕麦、大米和水放入高压锅中加热，至燕麦和大米呈黏稠状时加糖调味，出锅装碗。

小贴士:

燕麦须蒸熟（不宜煮）后磨粉，可直接作粮食用，制作小吃、点心、面条等，也可加工成燕麦片。燕麦片在国外被称为营养食品，因为它含有大量的可溶性纤维素，对降低和控制血糖以及血中胆固醇的含量有明显的作用。

104

⑨ 赤豆圆子羹

选料：

赤豆	15g
小丸子（糯米粉制成）	20g
白糖	5g
淀粉	8g

本菜所含主要营养量参考值：

蛋白质（g）	脂肪（g）
4.53	0.29

碳水化合物（g）	热量（kcal）
36.74	167.7

 工艺流程

1. 赤豆加水浸泡12小时至回软。

2. 把回软的赤豆和水放入锅中加热，至赤豆呈软烂状，放入小丸子和白糖烧沸，用湿淀粉勾薄芡，出锅装碗。

 小贴士：

赤豆又称红豆、小豆。种皮多为赤褐色，也有茶、绿、淡黄等颜色，我国栽培较广，以东北大红袍最为著名。赤豆可与米、面等掺和做主食，也可直接做"赤豆汤"等。煮熟后去皮可制成豆沙、豆泥，是制作糕点馅心的常用原料。

105

第六章

学龄前儿童
秋季带量食谱

第一节　畜禽蛋肉类

1　油豆腐烤肉

烹调方法：烧

选料：

油豆腐	10g
五花肉	35g
香菇（干）	2g
酱油	3g
白糖	1g
黄酒	1g

本菜所含主要营养量参考值：

蛋白质（g）	脂肪（g）
2.73	4.78

碳水化合物（g）	热量（kcal）
2.66	63.4

工艺流程

1. 猪肉和油豆腐都改刀成约2cm见方的小块；香菇放在温水中浸泡回软，并对半切开。

2. 锅置中火上，放入油豆腐、猪肉、香菇、黄酒和水，焖烧至猪肉成熟时放入酱油、白糖调和滋味，转用小火焖烧至猪肉成软烂状，出锅装盆。

注

1. 动物性原料应在基本成熟后放入咸味类调味品（酱油、盐等），否则会造成蛋白质过早凝固，影响成菜酥烂的质感。

2. 香菇涨发浸泡时间不宜过长，无硬茬即可。时间过长容易造成维生素、无机盐等流失。

3. 宜用小火长时间（30分钟左右）加热，使滋味和色泽缓慢渗入原料。

108

② **椒盐鸡米花**

烹调方法：油炸

选料：

鸡脯肉	35g
芹菜	15g
淀粉	5g
面粉	5g
盐	0.5g
黄酒	2g
椒盐	0.2g
香叶	1g
玉米油	约6g

本菜所含主要营养量参考值：

蛋白质（g）	脂肪（g）
7.43	6.79
碳水化合物（g）	热量（kcal）
9.1	127

工艺流程

1. 鸡脯肉切成约1cm见方的丁，用盐、黄酒腌渍30分钟至入味；芹菜切成长约3cm的段。

2. 鸡丁放入用面粉、淀粉调和的粉中拍粉处理（要求：全面拍到、现拍现炸、抖去余粉）。

3. 锅置中火上，油加热至150℃时放入拍粉后的鸡丁油炸，至鸡丁呈金黄色质成熟，捞出沥油。

4. 原锅中留底油，煸炒香叶、芹菜出香味后加入鸡丁和椒盐，翻拌均匀，出锅装盆。

3 红焖鸡翅

烹调方法：焖

选料：

鸡中翅	50g
香菇（干）	3g
油菜	25g
葱段	1g
食盐	1g
姜片	1g
黄酒	2g
酱油	4g
玉米油	4g
高汤	100 mL

本菜所含主要营养量参考值：

蛋白质（g）	脂肪（g）
8.94	9.81

碳水化合物（g）	热量（kcal）
4.32	139.8

工艺流程

1. 香菇用温水浸泡回软，油菜切成长约4cm的段。

2. 锅置旺火上，下底油，投入油菜翻炒成熟，加盐、高汤调味后装盆。

3. 另锅置旺火上，放入鸡翅、香菇、葱段、姜片、黄酒和高汤用旺火烧沸，至鸡翅成熟后加入酱油，转小火焖烧至鸡翅熟软，出锅装在油菜上面。

④ 土豆牛腩

烹调方法：焖

选料：

牛腩	35g
土豆	20g
胡萝卜	10g
酱油	5g
黄酒	3g
菜籽油	3g
桂皮	1g
茴香	1g
葱白	2g
姜片	2g
葵花籽油	3g

本菜所含主要营养量参考值：

蛋白质（g）	脂肪（g）	碳水化合物（g）	热量（kcal）
8.35	1.72	4.87	67.72

工艺流程

1. 牛腩切成约2cm见方的丁，投入冷水锅中焯水，捞出用清水洗净血污。

2. 土豆、胡萝卜去皮后都切成约2cm见方的块；土豆用冷水焯水，捞出沥干水分。

3. 锅留底油，煸香桂皮、茴香、葱白和姜片，放入牛腩、黄酒和酱油用大火烧沸，转小火焖烧至牛腩熟软，再放入土豆、胡萝卜略焖，出锅装盆。

小贴士：

牛腩：即牛的腹部肉。肉中带筋，肥瘦均匀，适宜于红烧、炖、煨等烹调方法。

5 虾皮炒鸡蛋

烹调方法：炒

选料：

小虾皮	2g
鸡蛋	40g
韭菜	5g
食盐	0.5g
黄酒	2g
玉米油	4g

本菜所含主要营养量参考值：

蛋白质（g）	脂肪（g）
5.4	5.14
碳水化合物（g）	热量（kcal）
1.25	73

工艺流程

1. 韭菜切成长约2cm的段。

2. 鸡蛋加食盐、黄酒和虾皮调拌均匀。

3. 锅置中火上，热锅滑油，油温加热到180℃左右时倒入调匀的蛋液等翻炒，至蛋液凝固，拨散后出锅装盆。

小贴士：

小虾皮中含有丰富的钙，每100g虾皮中含钙量为2000mg。虾皮中的钙对预防儿童佝偻病，成人骨质软化症、骨质疏松症均有良好的效果。

112

6 板栗炒仔鸡

烹调方法：炒

选料：

板栗肉	20g
仔鸡块	40g
青椒	10g
菜籽油	4g
酱油	4g
黄酒	1g
淀粉	4g

本菜所含主要营养量参考值：

蛋白质（g）	脂肪（g）
6.04	4.64
碳水化合物（g）	热量（kcal）
12.64	115.6

工艺流程

1. 鸡肉剁成约2cm见方的块，用酱油、黄酒腌渍入味，加淀粉上浆；青椒切成块。

2. 板栗肉在冷水锅中煮至成熟，捞出沥水。

3. 锅烧热，用油滑过，油温升至四成热时放入鸡块滑油至成熟，捞出沥油。

4. 锅留底油，放入板栗肉、鸡块、黄酒和水烧沸，至鸡块成熟后投入青椒块，用酱油调和滋味，再勾薄芡后出锅装盆。

113

7 五香牛肉

烹调方法：焖

选料：

牛肉	50g
桂皮	2g
茴香	2g
酱油	5g
黄酒	3g
葱	3g
姜块	2g
蒜瓣	2g
玉米油	4g

本菜所含主要营养量参考值：

蛋白质（g）	脂肪（g）
8.26	2.87
碳水化合物（g）	热量（kcal）
2.69	63.4

工艺流程

1. 牛肉切成长约4cm、宽约3cm、厚约0.2cm的片；生姜切成片；蒜瓣拍松。

2. 牛肉投入冷水锅中焯水至成熟，用清水洗净血污。

3. 锅置旺火上，下底油，煸炒桂皮、茴香、生姜片、蒜瓣出香味，加入牛肉、水、葱结、酱油和黄酒用旺火烧沸，转到小火焖烧至牛肉酥软入味，出锅装盆。

小贴士：

牛肉按品种分有黄牛肉、水牛肉和牦牛肉三种。质量上牦牛肉最好，黄牛肉其次，水牛肉最差。牛肉在烹调中多作主料使用，刀工成形也较多，因牛肉质老，一般在切牛肉片或丝时要横纤维（刀与纤维间成90°直角）切。牛肉的肌肉纤维长而较粗糙，肌间筋膜等结缔组织多，制成菜肴后肉质老韧。牛的背腰部、臀部肌肉纤维短，肌间筋膜等结缔组织少，且较柔嫩，质地好，可以用旺火速成的烹调方法制作菜肴，但如加热稍过便老韧难嚼。

8 海带排骨汤

烹调方法： 煮

选料：

猪肋排	40g
海带结	3g
莲藕	10g
姜片	1g
食盐	0.5g

本菜所含主要营养量参考值：

蛋白质（g）	脂肪（g）
5.04	6.68

碳水化合物（g）	热量（kcal）
1.89	87.8

工艺流程

1. 海带结用冷水涨发回软，藕切成长约4cm、宽和厚各约1cm的块。

2. 锅置旺火上，加入猪肋排、藕块、水和姜片烧沸，转小火焖至排骨熟软，再加入海带结烧沸，用盐调和滋味，出锅装碗。

小贴士：

海带富含碘、钙等矿物质，对缺碘引起的甲状腺肿大有预防作用，有降血脂、抗肿瘤、助生长、益智、健体等多方面的功效。特别是海带能促使体内的放射性物质排出体外，从而减少放射性物质在人体内的积聚。

115

9 火腿乳鸽汤

烹调方法: 炖

选料:

乳鸽	30g
香菇	2g
火腿	5g
小菜心	10g
食盐	0.5g

本菜所含主要营养量参考值:

蛋白质(g)	脂肪(g)
3.49	3.22

碳水化合物(g)	热量(kcal)
1.97	49.4

工艺流程

1. 香菇用温水浸泡回软;火腿蒸熟后切成指甲大小的片状;乳鸽剁成约3cm见方的块,投入沸水锅中焯水,捞出用清水洗净血污。

2. 锅中放入乳鸽、香菇和水,用旺火烧沸后转到小火焖烧,至乳鸽肉熟烂时加火腿片、小菜心烧沸,用盐调和滋味,出锅装碗。

注

1. 火腿滋味较咸,所以切片形状宜小且需要控制其他咸味类调味品的投放数量。

2. 香菇浸泡无硬茬即可,时间过长容易造成维生素、无机盐等流失。

小贴士:

鸽子:肉用鸽也称菜鸽,体形大、生长快,繁殖能力强,肉质好。肉用鸽的最佳食用期是出壳后25天左右,此时又称乳鸽,肉质尤为细嫩,属高档烹饪原料。鸽肉补益作用以白鸽最佳,白鸽肉味咸性平,能补肝肾、益精气。对老年人因肾精不足所致体弱、消渴尤为有益。鸽蛋性味甘,咸、平,功能补肾益气。适用于肾虚和气虚所致腰膝酸软、疲乏无力、心悸头晕。

第二节 水产品类

1 蛋煎小黄鱼

烹调方法：煎

选料：

小黄鱼肉	50g
蛋液	20g
葱	3g
盐	0.5g
生姜	1g
黄酒	2g
花生油	4g

本菜所含主要营养量参考值：

蛋白质（g）	脂肪（g）
8.03	4.51
碳水化合物（g）	热量（kcal）
0.73	75.6

 工艺流程

1. 鱼身两侧剖上一字型花刀，葱切成末，生姜切成片，蛋打匀。

2. 鱼用盐、葱、生姜片和黄酒腌渍30分钟，使鱼肉入味。

3. 锅置中火上烧热，用油滑过，加入底油，加热至150℃左右时推入小黄鱼两面煎至金黄色质成熟，浇淋入蛋液，待蛋液凝固成圆饼状后，翻动另一面略煎，出锅装盆。

注 小黄鱼肉含水量高，加热时应轻拿轻放，防止鱼肉碎散。

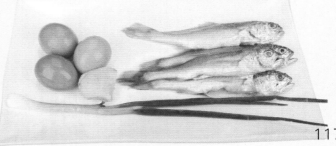

117

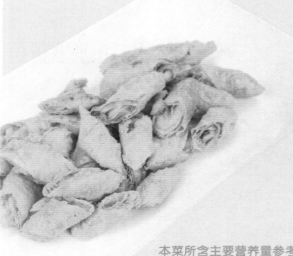

2 腐皮包黄鱼

烹调方法：炸

选料：

豆腐皮	10g
小黄鱼	50g
葱	3g
鸡蛋	10g
番茄沙司	4g
食盐	0.5g
黄酒	2g
色拉油	5g

本菜所含主要营养量参考值：

蛋白质（g）	脂肪（g）
11.5	7.47

碳水化合物（g）	热量（kcal）
2.94	124.8

工艺流程

1. 小黄鱼批去中间脊椎骨、胸刺骨和鱼头，净鱼肉切成长约5cm、宽约1cm的条，放入鸡蛋液、葱末、食盐、黄酒腌渍入味。

2. 豆腐皮撕去边筋，在豆腐皮一端放入调味后的鱼肉，然后包卷成直径约2cm的圆筒状，再斩成边长约3cm的菱形块。

3. 锅置中火上，油升温至四成热，投入菱形状的鱼块养炸，翻动原料炸至鱼块色泽呈金黄时捞出，装盆时带上蘸番茄沙司味碟。

豆腐皮

净含量：80克

注

1. 用豆腐皮包卷鱼肉时不宜太松，否则油炸时容易造成鱼肉脱落。

2. 油炸鱼卷时宜用漏勺压住，使鱼卷充分地接触油温，便于成熟，使鱼卷色泽一致。

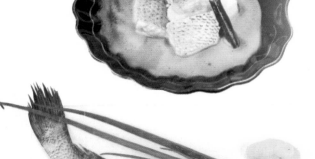

3 米鱼烧豆腐

烹调方法：烧

选料：

米鱼	40g
嫩豆腐	35g
葱	3g
生姜	2g
盐	1g
黄酒	2g
豆油	4g

本菜所含主要营养量参考值：

蛋白质（g）	脂肪（g）
7.95	2.96

碳水化合物（g）	热量（kcal）
1.46	64

工艺流程

1. 米鱼肉切成长约3cm见方的块，嫩豆腐切成约2cm见方的块，葱切成长约4cm的段，生姜切成丝。

2. 锅置中火上，下底油，煸炒葱白、姜丝出香味，放入鱼块略煎，加入黄酒、嫩豆腐和沸水加盖焖烧，至锅中卤汁呈乳白色时放入盐，调和滋味，出锅装盆。

 小贴士：

米鱼又称鮸鱼、鳖子鱼，肉质坚实细嫩，味鲜美。春季肉质最肥美，有"春鳖秋鲈"之说。米鱼适宜于多种刀工成形和调味可制成"抱盐米鱼""米鱼骨浆"等菜肴。米鱼鱼脑腴美，其鳔可制成上等鱼肚，含蛋白质20%、脂肪2.5%，营养丰富。

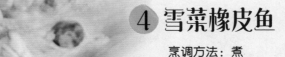

4 雪菜橡皮鱼

烹调方法：煮

选料：

橡皮鱼肉	100g
雪菜	10g
盐	1g
黄酒	2g
葱	3g
生姜	2g
豆油	4g

本菜所含主要营养量参考值：

蛋白质（g）	脂肪（g）
9.66	2.37
碳水化合物（g）	热量（kcal）
1.37	22.41

工艺流程

1. 橡皮鱼肉两侧剞一字型花刀，雪菜切成末，葱切成长约4cm的段，姜切成丝。

2. 锅置中火上，下底油，放入橡皮鱼两面略煎，加入黄酒、葱段、生姜丝和水焖烧，至锅中汤汁呈乳白色时放入雪菜末，用盐调和滋味，出锅装盆。

⑤ 猕猴桃炒虾球

烹调方法：炒

选料：

海虾虾仁	30g
猕猴桃	30g
西芹	8g
胡萝卜	4g
食盐	0.5g
淀粉	4g
花生油	4g

本菜所含主要营养量参考值：

蛋白质（g）	脂肪（g）
13.39	2.94
碳水化合物（g）	**热量（kcal）**
7.39	107.8

工艺流程

1. 虾仁在背部划一刀，深度约至虾肉的1/2，用刀尖剔除沙肠，成虾球状，再用清水反复洗净虾仁，控干水分。

2. 虾球中加入盐、淀粉上浆，猕猴桃、西芹和胡萝卜都切成约1.5cm见方的丁。

3. 锅烧热用油滑过，放入虾球滑油至成熟，捞出沥油。

4. 原锅留底油，置中火上，放入水、虾仁、猕猴桃、西芹和胡萝卜烧沸，用盐调和滋味，用湿淀粉勾薄芡，翻炒均匀后出锅装盆。

注

1. 虾球上浆时应搅拌上劲，便于虾球滑油时不脱浆。

2. 虾球滑油油温应掌握在120℃~140℃之间，油温过高或过低都会影响虾球的口味。

3. 虾中沙肠有异味，应剔洗干净。

6 红烧鱼块

烹调方法：烧

选料：

黑鱼	60g
茭白	20g
酱油	3g
白砂糖	2g
黄酒	2g
葱白	2g
姜片	2g
醋	4g
淀粉	2g
菜籽油	4g

本菜所含主要营养量参考值：

蛋白质（g）	脂肪（g）
6.56	2.46

碳水化合物（g）	热量（kcal）
4.84	60.2

工艺流程

1. 鱼肉加工成长约3cm、宽约2cm的方块，茭白切成同样大小的块。

2. 锅置中火上，放入底油、鱼块、葱白、姜片略煎，加入黄酒和水用中火烧沸汤汁，待鱼肉成熟后投入酱油、醋和白糖调和滋味，用湿淀粉勾芡后装盆。

注

1. 动物性原料应在基本成熟后放入咸味类调味品（酱油、盐等），否则容易造成蛋白质过早凝固，影响成菜质感。

2. 黑鱼鱼肉结实刺少，比较适合儿童食用。

7 鲅鱼煮三蔬

烹调方法：煮

选料：

鲅鱼	40g
芹菜	15g
黑木耳	2g
胡萝卜	4g
盐	1g
黄酒	2g
淀粉	2g
葱	2g
生姜	1g
菜籽油	4g

本菜所含主要营养量参考值：

蛋白质（g）	脂肪（g）
7.17	2.05
碳水化合物（g）	热量（kcal）
4.41	64.4

工艺流程

1. 鲅鱼肉切约2cm见方的块，芹菜切成约2cm长的段，黑木耳用冷水浸泡回软，胡萝卜切指甲大小的片，葱切成长约4cm的段，生姜切成片。

2. 鱼肉用盐、葱、生姜和黄酒腌渍30分钟入味，然后加淀粉上浆。

3. 锅置旺火上，放入底油，用葱姜炝锅后放入大量水，加热至沸腾后分散放入上浆的鱼块，至鱼块成熟后放入芹菜、黑木耳和胡萝卜烧沸，用盐调和滋味，出锅装碗。

 小贴士：

鲅鱼又称蓝点马鲛或蓝点鲅。鲅鱼肉多刺少，无小刺，肉厚坚实，肉质细嫩富有弹性，味鲜美。鲅鱼在烹调中应用广泛，有"抱盐马鲛鱼"、"雪菜马鲛鱼"、"熏鱼"等菜肴。鲅鱼含蛋白质20%，脂肪0.1%，灰分1.1%。鲅鱼鱼肝不可食用，因其含有鱼油毒和麻痹毒素。

123

8 雪菜汁蒸比目鱼

烹调方法：蒸

选料：

比目鱼	50g
雪菜汁	15g
葱	2g
生姜	1g
黄酒	2g
盐	1g

本菜所含主要营养量参考值：

蛋白质（g）	脂肪（g）	碳水化合物（g）	热量（kcal）
8.52	1.32	0.17	47.8

工艺流程

1. 鱼肉切成长约6cm的块。

2. 鱼肉用雪菜汁、黄酒、生姜片和葱结腌渍30分钟至入味。

3. 鱼肉在旺火沸水中蒸8~10分钟至成熟，出锅装盆。

124

9 蘑菇鱼羹

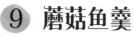

烹调方法：煮

选料：

草鱼肉	80g
鲜蘑菇	10g
冬笋	5g
芹菜	10g
鸡蛋液	10g
盐	1g
葱	3g
生姜	2g
淀粉	4g
黄酒	2g
豆油	4g

本菜所含主要营养量参考值：

蛋白质（g）	脂肪（g）
9.27	5.25
碳水化合物（g）	热量（kcal）
6.64	101.8

工艺流程

1. 鲜蘑菇放在沸水中焯水至熟，捞出切成厚约0.2cm的片；冬笋焯水后，捞出切成末；葱切成葱白和葱末；生姜切丝；蛋液打匀。

2. 鱼肉加黄酒和姜片上笼蒸熟，用筷子拣去鱼肉中的小刺，拨成指甲大小的鱼块，鱼汤待用。

3. 锅置中火上，下底油，用葱白段、姜丝炝锅后加入水、蘑菇、笋、鱼块和鱼汤烧沸，放入盐调和滋味，用湿淀粉勾薄芡，浇淋入蛋液，推搅均匀后撒上葱末，出锅装盆。

10 栗子烧牛蛙

烹调方法：烧

选料：

栗子肉	30g
牛蛙	50g
胡萝卜	10g
食盐	0.5g
黄酒	2g
淀粉	2g
玉米油	4g

本菜所含主要营养量参考值：

蛋白质（g）	脂肪（g）
10.36	4.91
碳水化合物（g）	热量（kcal）
13.45	139.4

工艺流程

1. 牛蛙剁成约2cm见方的块，加盐、淀粉上浆；胡萝卜切成1cm见方的丁；栗子肉焯水至熟。

2. 锅置中火上，油加热至120℃左右，放入上浆的牛蛙滑油至成熟，捞出沥油。

3. 锅置中火上，下底油、板栗、牛蛙、胡萝卜和水，烧沸汤汁，用盐调和滋味，出锅装盆。

(注) 板栗去壳方法：在板栗上砍一刀，刀深至板栗肉，用沸水加热2分钟，捞出趁热去除外壳。

126

11 抱盐黄姑鱼

烹调方法：蒸

选料：

黄姑鱼	70g
盐	1g
黄酒	2g
葱	3g
生姜	2g

工艺流程

1. 葱打结，生姜切成片。

2. 鱼肉两侧剖上一字型花刀，用盐、黄酒、葱结和生姜片腌渍30分钟至入味。

3. 鱼肉用旺火沸水蒸8～10分钟至成熟，出锅装盆。

本菜所含主要营养量参考值：

蛋白质（g）	脂肪（g）
8.17	3.11

碳水化合物（g）	热量（kcal）
0.30	61.9

小贴士：

黄姑鱼因其在海水中能发出"咕咕"的声音而得名，俗称铜锣鱼。鱼肉结实有弹性，肉质细嫩，呈蒜瓣状，除5～6月产卵期外，其他时间内鱼肉有轻微的酸味。该鱼死后腐败变质过程较慢，故较易保藏。烹调应用较广，可红烧、盐腌、煮汤等。黄姑鱼可代替大黄鱼使用。干烧、红烧、醋熘等皆可。

127

12 盐烤滑皮虾

烹调方法：干烧

选料：

滑皮虾	50g
食盐	0.5g
葱结	2g
生姜	2g
黄酒	3g

本菜所含主要营养量参考值：

蛋白质（g）	脂肪（g）
4.33	0.17
碳水化合物（g）	热量（kcal）
0.65	22.7

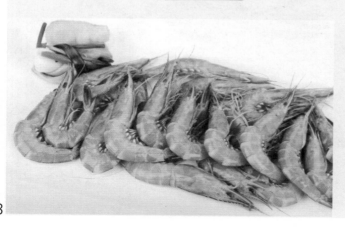

工艺流程

1. 海虾剪去虾须。

2. 锅置旺火上，放入虾、盐和黄酒，用中小火慢慢翻炒至虾成熟，待水分烧干，锅壁四周微微起焦味后把虾起锅装盆。

第三节 蔬菜、菌菇类

① 粉丝煮面结

烹调方法：煮

选料：

粉丝	8g
千张	4g
猪肉末	15g
油豆腐	10g
酱油	4g
黄酒	2g
食盐	4g
菜籽油	4g

本菜所含主要营养量参考值：

蛋白质（g）	脂肪（g）
4.97	10.12

碳水化合物（g）	热量（kcal）
7.82	141.9

工艺流程

1. 粉丝用沸水浸泡回软，油豆腐对半切开。

2. 猪肉末用盐和黄酒调和滋味，成馅心。

3. 千张用热水浸泡回软，中间包裹上猪肉馅，两端向中间扎起成面结，再将面结上笼蒸熟。

4. 锅置旺火上，加入水、粉丝、面结、油豆腐、黄酒和酱油烧沸，调和口味后出锅装碗。

小贴士：

粉丝又称粉条、线粉，是以豆类或薯类等淀粉做原料，经过多道工序，利用淀粉糊化和老化的原理，加工成丝或条状的制品。粉丝是烹制菜肴的常用原料，适合于多种烹调方法，如粉丝汤、猪肉炖粉条等。

129

2 豌豆玉米粒

烹调方法：炒

选料：

玉米粒	30g
豌豆粒	10g
胡萝卜	10g
淀粉	2g
食盐	0.5g
高汤	30 mL
菜籽油	4g

本菜所含主要营养量参考值：

蛋白质（g）	脂肪（g）
2.07	2.46
碳水化合物（g）	热量（kcal）
11.51	73.8

工艺流程

1. 将胡萝卜切成约1cm见方的丁。

2. 锅置中火上，下底油，将鲜玉米粒、高汤、豌豆粒和胡萝卜烧沸，用盐调和滋味，再用湿淀粉勾薄芡，翻拌均匀后出锅装盆。

小贴士：

玉米又称苞米、包谷、棒子等。玉米种类很多，按颜色不同可分为黄玉米、白玉米和杂色玉米，按粒质可分为甜质型、糯质型等八种。玉米胚乳含有大量的淀粉和蛋白质。胚中除含有大量的无机盐和蛋白质外，还富含脂肪，约占胚重的30%，经提炼可制成食用油。玉米中还含有胡萝卜素和维生素B，特别是胚乳成熟时期的黄色玉米中的维生素含量更多。玉米磨成粉可制作窝窝头、丝糕等，与面粉掺后可制作成各式发酵糕点如蛋糕、饼干等。

③ 红烧土豆

烹调方法：烧

选料：

土豆	40g
猪瘦肉	10g
腐竹	5g
酱油	3g
黄酒	2mL
蒜薹	1g
葵花籽油	4g

本菜所含主要营养量参考值：

蛋白质（g）	脂肪（g）
5.03	3.78

碳水化合物（g）	热量（kcal）
7.88	84.9

工艺流程

1. 土豆切成厚片状，腐竹用温水浸软后切成长约3cm的段，猪肉切成长约3cm、宽约2cm、厚约0.2cm的片，蒜薹切成菱形片。

2. 腐竹和土豆片分别在沸水锅中焯水至熟，捞出沥水。

3. 锅置旺火上，下底油，煸炒瘦肉至成熟，加入土豆、腐竹和水烧沸，用酱油调和滋味，撒上蒜薹片出锅装盆。

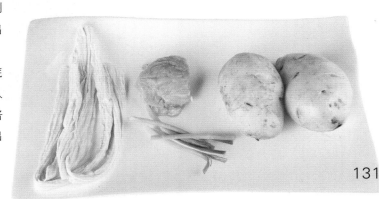

131

4 咸蛋黄炒南瓜

烹调方法：炒

选料：

咸蛋黄	6g
日本南瓜	60g
葱末	2g
玉米油	2g

本菜所含主要营养量参考值：

蛋白质（g）	脂肪（g）
1.25	4.07
碳水化合物（g）	热量（kcal）
3.02	53.9

工艺流程

1. 咸蛋黄蒸熟，冷却后用擀面杖碾压成碎末状；南瓜去皮后切成薄片。

2. 锅置旺火上，油加热至六成热，放入南瓜片炸至水分基本蒸发干，捞出沥油。

3. 原锅留底油，放入咸蛋黄末，煸炒至成泡沫状时投入南瓜片、葱末，翻炒均匀，出锅装盆。

5 四喜烤麸

烹调方法： 焖

选料：

生麸	20g
腐竹	3g
花生米	5g
黑木耳（干）	2g
金针菜	2g
酱油	5g
芝麻油	1g
白糖	1g
葵花籽油	4g

本菜所含主要营养量参考值：

蛋白质（g）	脂肪（g）
2.73	5.07
碳水化合物（g）	热量（kcal）
7.64	69.7

工艺流程

1、腐竹、黑木耳、花生米和金针菜用温水浸泡回软，腐竹切成长约6cm的段，花生米剥去红衣。

2、生麸切成大拇指状的块，洗净残留的面粉。

3、生麸放入六成热的油锅中过油成熟（去除部分水分），出锅沥油待用。

4、原锅留底油，置旺火上，下生麸、金针菜、油、白糖、酱油和水，用旺火烧沸后转入小火焖烧至生麸入味，再放入腐竹、黑木耳，继续加热至卤汁浓稠，出锅装盆。

133

6 油焖茭白

烹调方法：焖

选料：

茭白	60g
香菇（干）	3g
酱油	3g
麻油	1g
猪油	4g

本菜所含主要营养量参考值：

蛋白质（g）	脂肪（g）
1.1	3.11
碳水化合物（g）	热量（kcal）
4.38	46.3

工艺流程

1. 茭白去壳后切成滚料块，放在冷水锅中焯水，捞出沥水；香菇用温水涨发后对半切开。

2. 锅置中火上，放茭白、香菇、酱油、猪油和水，用旺火烧沸后转入小火焖烧至茭白、香菇入味，淋入麻油，出锅装盆。

注

1. 茭白草酸含量较多且有涩味，焯水能去除大部分草酸。

2. 香菇浸泡无硬茬即可，时间过长容易造成维生素、无机盐等营养成分流失。

小贴士：

茭白又称茭笋、菰等。茭白肉质爽口柔嫩、色泽洁白、纤维少、味清香，适合多种烹调方法。因其无特殊口味，所以可以和鸡、鱼、肉等多种原料搭配制作菜肴，也可制作面点馅心。

第四节 豆类及制品

1 油焖蚕豆

烹调方法：焖

选料：

蚕豆	50g
牛肉末	10g
酱油	3g
高汤	50 mL
色拉油	约耗6g

本菜所含主要营养量参考值：

蛋白质（g）	脂肪（g）	碳水化合物（g）	热量（kcal）
14.36	10.24	30.83	271.6

工艺流程

1. 锅置旺火上，色拉油加热至约180℃，放入蚕豆炸成焦黄色，捞出沥油。

2. 原锅留底油，置旺火上，煸炒牛肉末至分散状，然入加蚕豆、酱油和高汤焖烧至蚕豆酥软，出锅装盆。

 小贴士：

蚕豆又称倭豆、胡豆、罗汉豆、佛豆等。蚕豆荚果大而肥厚，种子椭圆扁平。嫩豆荚是做菜原料。老豆可煮粥、制糕或制豆酱，也可提取淀粉。

135

2 毛豆子炒茭白

烹调方法： 炒

选料：

毛豆子（鲜大豆肉）	25g
茭白	20g
榨菜	10g
食盐	0.5g
淀粉	4g
熟猪油	4g

本菜所含主要营养量参考值：

蛋白质（g）	脂肪（g）
2.2	2.72
碳水化合物（g）	热量（kcal）
6.55	57.1

工艺流程

1. 鲜大豆肉用冷水锅焯水至熟，茭白、榨菜都切成约2cm见方的丁。

2. 锅烧热，放入底油、毛豆子、茭白、水、盐和榨菜烧沸，翻炒至茭白等成熟，勾芡后出锅装盆。

136

③ 蟹粉豆腐羹

烹调方法：烩

选料：

螃蟹	100g
嫩豆腐	60g
鸡蛋液	20g
猪肉	10g
葱	3g
生姜	2g
淀粉	4g
盐	1g
黄酒	2g
猪油	4g

本菜所含主要营养量参考值：

蛋白质（g）	脂肪（g）
14.33	9.67

碳水化合物（g）	热量（kcal）
9.02	180.2

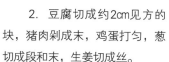

工艺流程

1. 螃蟹蒸熟，去除蟹脐、包和鳃，从蟹盖、蟹身、蟹腿和螯四个部位依次用竹签剔出蟹黄和蟹肉。

2. 豆腐切成约2cm见方的块，猪肉剁成末，鸡蛋打匀，葱切成段和末，生姜切成丝。

3. 豆腐放入沸水锅中焯水至熟，捞出待用。

4. 锅置中火上，加底油，用葱白段、姜丝炝锅，加入猪肉末煸炒至分散状，烹入黄酒，放入水、豆腐、蟹肉和盐焖烧入味，再用湿淀粉勾芡，最后淋入蛋液和猪油，搅拌均匀后撒上葱末、蟹黄，装碗。

幼儿园带量营养食谱

1 虾仁芋艿菜泡饭

选料:

虾仁	10g
芋艿头	15g
青菜	10g
粳米饭	10g
盐	1g
高汤	50 mL
猪油	3g

本菜所含主要营养量参考值:

蛋白质（g）	脂肪（g）
5.73	3.97

碳水化合物（g）	热量（kcal）
22.01	164.3

工艺流程

1. 熟芋艿切成约1.5cm见方的丁，青菜切成宽约1cm的条。

2. 锅置旺火上，下底油，煸炒青菜成干瘪状，然后放入芋艿、高汤、粳米饭和虾仁烧沸，加盐调和滋味，出锅装碗。

② 生菜肉丝面

选料：

猪肉	8g
面条（熟）	20g
生菜	15g
黄酒	2g
葱	2g
高汤	50 mL
花生油	3g

本菜所含主要营养量参考值：

蛋白质（g）	脂肪（g）
23.21	8.80
碳水化合物（g）	热量（kcal）
14.21	156.5

工艺流程

1. 猪肉切成牙签粗细的肉丝，葱切成末。

2. 面条放入沸水锅焯水至熟，捞出沥水。

3、锅置中火上，放入底油、肉丝、黄酒和高汤烧沸，放入面条略煮，用盐调和滋味，再放入生菜，出锅装碗，撒上葱末。

注 面条熟后宜马上食用，放置时间稍长，面条就会吸水开始糊化，影响口感。

小贴士：

生菜又名叶用莴苣，一年四季均可成长。生菜分为结球生菜、散叶生菜和皱叶生菜三种类型。结球生菜叶呈卷球形，又分为青口、白口、青白口三种。青口叶球呈扁圆形，个较大而结球较结实，深绿色，品质粗糙；白口叶片较薄，结球较松散，品质较细嫩；青白口为前两者的杂交品种，品质特点介于两者之间。生菜以不带老帮、茎色带白、无黄叶烂叶、不抽薹、无病虫害、不带根和泥土者为佳。生菜脆嫩爽口宜生食，可直接蘸酱食用，也可作辅料直接冷拌或用沸水焯后拌食，亦可炒食或制汤。

③ 枣莲银耳羹

选料：

无核红枣	5g
莲子	3g
银耳（干）	10g
白糖	6g

本菜所含主要营养量参考值：

蛋白质（g）	脂肪（g）
4.52	0.62
碳水化合物（g）	热量（kcal）
37.24	148.5

工艺流程

1. 莲子用5%的食用碱水溶液（沸水）浸泡15分钟至回软，再用清水反复洗尽碱味；银耳用温水浸泡回软。

2. 锅置中火上，放入水和银耳焖煮至银耳成浓稠状，放入莲子、红枣和白糖，再煮15分钟即可装碗。

小贴士：

银耳又称白木耳、雪耳等。在甜菜中应用较广，有"清汤银耳""冰糖银耳"等。银耳霉变后含有毒素，不可食用，必须注意。银耳干品和鲜品均可食用，干品以花大而松散、色泽略白有淡黄、有光泽、肥厚、朵形整、无脚耳、底板小、无碎渣、无杂质、个大体轻、干燥、无黑斑杂色、煮后粘稠有糯性为佳。

4 红薯西米粥

选料：

红薯	25g
西谷米	5g
白糖	6g

本菜所含主要营养量参考值：

蛋白质（g）	脂肪（g）
0.81	0.53
碳水化合物（g）	热量（kcal）
15.6	70.4

工艺流程

1. 红薯去皮后切成约2cm见方的块，上蒸笼蒸至酥软；西谷米用水浸泡。

2. 锅置中火上，加水至沸腾转小火，边放入西谷米边不停用手勺搅拌，待西谷米成透明状时加入红薯焖烧，至红薯软烂时用白糖调和滋味，出锅装碗。

141

5 豆沙南瓜饼

选料：（以10个计）

胚料：

水磨糯米粉	100g
豆沙馅	100g
粳米粉	20g
绵白糖	20g
熟南瓜泥	200g
面包粉	40g
色拉油	5g

本菜所含主要营养量参考值：

蛋白质（g）	脂肪（g）
19.42	9.87

碳水化合物（g）	热量（kcal）
391.0	1729.7

工艺流程

1. 馅心调制：豆沙馅搓成10个小圆球。

2. 粉团调制：将南瓜去皮、瓤，切片蒸熟，捣成泥，加入水磨糯米粉、粳米粉和白糖拌匀，揉成光滑的粉团。

3. 生胚成形：将粉团搓条，下成10个大小均匀的剂子，把剂子搓成球形后捏成窝状，包入馅心后收口成球形，粘裹上面包粉，再按成圆饼状。

4. 熟制：平底锅烧热，放入底油，用中小火煎南瓜饼至两面呈金黄色、质地松软状，出锅装盆即可。

6 话梅煮玉米

选料：（以1人用量计）

玉米段　　80g

话梅　　　5g

本菜所含主要营养量参考值：

蛋白质（g）	脂肪（g）
7.04	3.04
碳水化合物（g）	热量（kcal）
53.36	269.0

工艺流程

　　锅中放入水、玉米段和话梅焖烧约12分钟至玉米成熟，捞出装盆。

7 南瓜小米粥

选料：

小米	15g
南瓜	30g
白糖	5g

本菜所含主要营养量参考值：

蛋白质（g）	脂肪（g）
1.56	0.495

碳水化合物（g）	热量（kcal）
17.33	80.0

工艺流程

1. 小米淘洗干净，南瓜切成约2cm见方的丁。

2. 南瓜丁加水在锅中煮成软烂状，捞出待用。

3. 小米放入高压锅中，加水熬成米粥，放入南瓜丁和白糖调味，出锅装碗。

小贴士：

小米由谷子（即粟）碾制而成，按籽粒黏性可分为糯粟和粳粟；按谷壳颜色可分为白色、黄色、赤褐色、黑色等品种，以白色和黄色最普通。小米可单独制成小米干饭、小米稀粥，磨成粉可单独或与其他面粉掺和做饼、窝头、丝糕、发糕等。小米中的硫胺素和核黄素含量很丰富，比大米和面粉多好几倍。此外，小米还含有少量的胡萝卜素。

8 冰糖梨粥

选料：

粳米	15g
梨	20g
冰糖	5g

本菜所含主要营养量参考值：

蛋白质（g）	脂肪（g）
1.2	0.13

碳水化合物（g）	热量（kcal）
18.49	79.9

工艺流程

1. 梨切成约2cm见方的丁。

2. 粳米放入高压锅中，加水熬成米粥，再加入梨、冰糖调和滋味，出锅装碗。

小贴士：

梨又称快果、果宗、玉乳、蜜父等。吃梨时舌头会有粗糙的感觉，这是因为梨的果肉由木质及纤维等石细胞汇集而成，可刺激肠道，消除便秘。医界认为，梨是百果之宗，具有润肺、化痰、止咳、退热、降火、清心、解疮毒和解酒的功效，常食可以补充人体的营养。梨特别适宜于肝炎、肺结核、大便秘结、急慢性气管炎、上呼吸道感染、高血压、心脏病以及食道癌患者食用。

145

第七章

学龄前儿童
冬季带量食谱

第一节 畜禽蛋肉类

1 香波咕咾肉

烹调方法：熘

选料：

瘦猪肉	35g
菠萝	35g
青椒	10g
红椒	10g
蛋液	10g
番茄沙司	5g
淀粉	3g
面粉	20g
盐	0.5g
生抽	2g
白胡椒粉	0.5g
大蒜末	1g
白醋	2g
黄酒	2g
玉米油	50g
	约耗4g

本菜所含主要营养量参考值：

蛋白质（g）	脂肪（g）	碳水化合物（g）	热量（kcal）
7.29	8.57	15.83	169.6

工艺流程

1. 青椒切成长约2cm的方块，菠萝切块后，用淡盐水浸泡30分钟后捞出，用凉开水冲洗。

2. 猪肉切成约2cm的方块，加生抽、白胡椒粉、黄酒腌渍10分钟入味。

3. 鸡蛋打匀，倒入腌好的肉，使每粒肉都裹匀蛋液，将裹好蛋液的肉粒放入面粉中，用手揉搓、捏握，使肉粒表面干燥并全部裹满面粉。

4. 锅置旺火上，油加热至六成热时投入已拍粉的肉块，炸至成外酥脆、里鲜嫩，色呈焦黄色的肉块，捞出沥油。

5. 原锅中留底油，煸炒大蒜末、番茄沙司后加入糖、白醋、菠萝、青椒片和红椒片，用湿淀粉勾芡后，倒入肉块，翻炒均匀后出锅装盆。

注

1. 咕咾肉属于裹炸类菜肴，切好块的猪肉要用腌料腌一下，方便入味。所谓裹炸，就是以鸡蛋液、面粉裹住猪肉，干身后入油锅炸透。一般都会炸两次，目的是让外面焦脆，而里面虽然熟透，依然很嫩。菠萝本身特有的清香和黄澄澄的色泽，使其成为咕咾肉的最佳拍档。

2. 为保持菠萝咕咾肉的色泽红润，要用白醋和颜色较淡的生抽，如果用普通米醋和普通酱油会使菜肴颜色太深。

3. 番茄酱汁要以将裹满固体材料为准，熬的时候掌握稀稠程度，太稠了裹不上，太稀了不好看。

② 茶树菇炖鸡块

烹调方法：炖

选料：

光鸡	50g
茶树菇（干）	2g
油豆腐	5g
葱	2g
黄酒	2g
姜	2g
盐	1g

本菜所含主要营养量参考值：

蛋白质（g）	脂肪（g）	碳水化合物（g）	热量（kcal）
7.20	2.22	0.5	50.8

工艺流程

1. 将鸡肉加工成约4cm见方的块；茶树菇用温水浸泡回软，清洗干净；葱打结；姜切成片。

2. 鸡块放在沸水锅焯水，略滚后捞出并清洗干净，沥干水。

3. 锅置大火上，放入水、鸡肉、葱结和姜片烧沸，转入小火焖烧至鸡肉熟软，再加入茶树菇、油豆腐焖烧3~5分钟，用盐调和滋味后出锅装碗。

149

3 萝卜烤肉

烹调方法： 焖

选料：

白萝卜	50g
五花肉	30g
酱油	3g
白砂糖	3g
菜籽油	4g

本菜所含主要营养量参考值：

蛋白质（g）	脂肪（g）	碳水化合物（g）	热量（kcal）
3.11	21.04	5.38	223.3

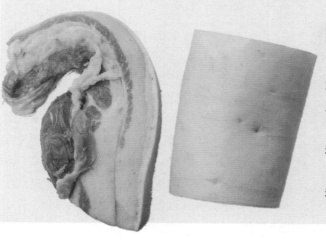

工艺流程

1. 白萝卜切成滚料块，在冷水锅中焯水，略滚后捞出沥水；猪肉切成约2cm见方的块。

2. 锅置旺火上，放入猪肉和水，加热至猪肉成熟后放入萝卜、酱油和白砂糖焖烧，至猪肉和萝卜熟软后出锅装盆。

4 京葱炒肉片

烹调方法：炒

选料：

京葱	30g
香干	10g
猪瘦肉	20g
酱油	3g
高汤	50 mL
豆油	4g

本菜所含主要营养量参考值：

蛋白质（g）	脂肪（g）	碳水化合物（g）	热量（kcal）
6.87	7.29	2.22	101.3

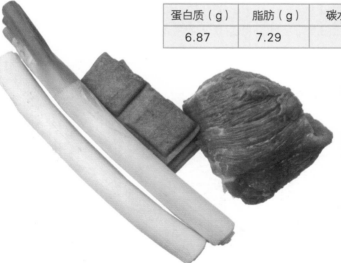

工艺流程

1. 京葱切成长约5cm的段，香干均切成筷子粗细的条，猪肉切成长约3cm、宽约2cm、厚约0.3cm的片。

2. 锅置中火上，下底油，煸炒猪肉和京葱至成熟，加入水和香干烧沸，用酱油调和滋味，出锅装盆。

151

5 椒盐里脊

烹调方法：炸

选料：

猪肉	40g
椒盐	1g
盐	0.2g
葱白末	2g
黄酒	2g
淀粉	10g
面粉	4g
菜籽油	6g

本菜所含主要营养量参考值：

蛋白质（g）	脂肪（g）	碳水化合物（g）	热量（kcal）
8.58	9.23	11.69	164.2

工艺流程

1. 猪肉加工成长和宽各约2cm、厚约0.3cm的块，用盐、黄酒腌渍入味。

2. 淀粉、面粉和水调制成略有下滴状的面糊，使猪肉均匀地粘裹上面糊。

3. 锅置旺火上，油加热至六成热，分散投入挂糊的猪肉油炸，采用中小火养炸至猪肉外酥脆、内鲜嫩成熟，再用旺火复炸猪肉至酥，出锅装盆，撒上椒盐、葱末。

（注） 猪瘦肉油炸处理参照咕咾肉。

幼儿园带量营养食谱

⑥ 肉糊辣

烹调方法：烩

选料：

大白菜	30g
猪瘦肉丝	20g
香菇	2g
葱	1g
食盐	0.5g
黄酒	2g
淀粉	4g
高汤	100 mL
花生油	4g

本菜所含主要营养量参考值：

蛋白质（g）	脂肪（g）
6.53	8.21
碳水化合物（g）	热量（kcal）
5.93	123.7

工艺流程

1. 香菇用温水浸泡回软后切成筷子粗细的丝，大白菜和猪肉也切成筷子粗细的丝。

2. 锅置中火上，下底油，煸炒肉丝、大白菜丝和香菇丝至成熟，然后加入黄酒和高汤烧沸，用盐调和滋味，再用湿淀粉勾厚芡，出锅装碗。

小贴士：

大白菜又称结球白菜、黄芽菜等。大白菜是我国的原产和特产蔬菜，有"菜中之王"的美誉，是我国北方主要栽培的蔬菜，在烹调中应用广泛，冷菜、热菜、馅心、火锅等都可以使用。

大白菜含钙和维生素C较多，同时含有较多的锌和粗纤维。

7 万年青烤肉

烹调方法：焖

选料：

五花肉	40g
菜蕻干	10g
葱白	1g
白糖	2g

本菜所含主要营养量参考值：

蛋白质（g）	脂肪（g）
4.35	25.72

碳水化合物（g）	热量（kcal）
8.62	283.4

工艺流程

1. 五花猪肉切成长约3cm、宽约2cm、厚约1cm的片。

2. 锅置旺火上，放入猪肉、高汤、葱白加热至猪肉成熟，再放入菜蕻干、白糖和酱油烧沸，转入小火焖烧至猪肉成软烂状，出锅装盆。

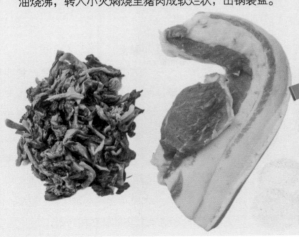

小贴士：

万年青又称青菜干，系江南地区春天利用青菜菜蕻氽熟晾干水分后制成，质干、色青翠、味清淡、具有浓郁的清香味，是夏季泡汤的良好食材，如万年青虾皮汤、万年青海蜇汤等。

学龄前儿童冬季带量食谱

8 萝卜猪肝羹

烹调方法：烩

选料：

猪肝	20g
白萝卜	50g
葱白	2g
姜	2g
黄酒	2g
盐	0.5g
醋	2g
高汤	100mL
淀粉	2g
玉米油	4g

本菜所含主要营养量参考值：

蛋白质（g）	脂肪（g）	碳水化合物（g）	热量（kcal）
5.60	7.51	5.26	111

工艺流程

1. 猪肝切成厚约0.3cm的片，在冷水锅中焯水后，捞出沥水；白萝卜切成厚约0.2cm的片，也用冷水锅焯水后，捞出沥水；葱白切段；生姜切丝。

2. 锅置旺火上，下底油，用葱姜炝锅后加入高汤、黄酒、白萝卜和猪肝烧沸，用盐和醋调和滋味，再用湿淀粉勾芡，出锅装碗。

 小贴士：

因为肝是内脏器官，难免有腥味，所以在用肝制作菜肴调味时，可以放些醋，以去其腥味。在烹调中肝一般作为主料使用，刀工成形一般多为片状，适宜多种口味。肝加热用爆、炒、溜等旺火速成的烹调方法较好，为保持其柔嫩往往要采取上浆的方法，使肝外面加上保护层（利用淀粉、盐和黄酒上浆处理）或缩短其加热时间。

9 芋艿炖小排

烹调方法： 炖

选料：

猪小排	30g
芋头	40g
葱	2g
黄酒	2g
食盐	0.5g

本菜所含主要营养量参考值：

蛋白质（g）	脂肪（g）	碳水化合物（g）	热量（kcal）
4.37	5.07	6.3	88.3

工艺流程

1. 芋头去皮后切成约2cm见方的块，小排加工成长约2cm的段。

2. 锅置旺火上，下芋头、小排、葱结、黄酒和水，用旺火烧沸后转入小火焖烧至芋头和小排酥烂，用盐调和滋味，出锅装碗。

156

10 红焖羊肉

烹调方法：焖

选料：

山羊肉	50g
白萝卜	20g
香菜	5g
葱	2g
黄酒	3g
酱油	3g
黑木耳干	3g
姜	2g
桂皮	1g
茴香	1g
菜籽油	4g

本菜所含主要营养量参考值：

蛋白质（g）	脂肪（g）
9.19	10.46
碳水化合物（g）	热量（kcal）
3.38	144.4

工艺流程

1. 羊肉切成长约4cm见方的块，用冷水锅焯水略滚后洗净膻味，捞出沥水；白萝卜切滚料块，也用冷水锅焯水略滚后，捞出沥水；香菜切成长约3cm的段；黑木耳用温水浸泡回软。

2. 锅中放入羊肉、萝卜、葱结、黄酒、姜块和水，用旺火烧沸，羊肉成熟后放入酱油、白糖、纱布包（桂皮和茴香）转入中小火焖烧至羊肉熟软，再放入黑木耳烧沸，撒上香菜后出锅装碗。

157

11 杏鲍菇炒牛柳

烹调方法：炒

选料：

牛肉	30g
杏鲍菇	25g
青椒	10g
红椒	10g
黄酒	2g
食盐	0.2g
酱油	2g
蒜末	2g
高汤	60mL
淀粉	2g
玉米油	4g

本菜所含主要营养量参考值：

蛋白质（g）	脂肪（g）
7.78	6.15

碳水化合物（g）	热量（kcal）
4.31	103.7

工艺流程

1. 牛肉横着纤维切长约6cm、粗细如筷子状的条，加盐、黄酒和淀粉上浆；杏鲍菇、青椒和红椒都切成长约6cm、粗细如筷子的条。

2. 锅中放入水，烧沸后分散放入上浆的牛肉，静止10秒种后用筷子滑散，加热至牛肉成熟后捞出沥水。

3. 锅置中火上，放底油，煸炒蒜泥出香味，放入杏鲍菇、高汤、牛肉条、黄酒和青红椒烧沸，用酱油调和滋味，再用湿淀粉勾芡，翻炒均匀后出锅装盆。

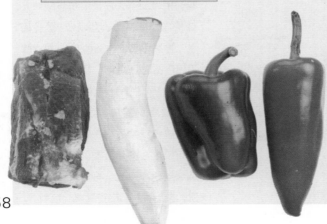

12 山药炒猪肝

烹调方法：炒

选料：

山药	30g
猪肝	20g
黑木耳	2g
盐	0.5g
高汤	60mL
黄酒	3g
淀粉	3g
葱白段	3g
姜丝	2g
菜籽油	5g

本菜所含主要营养量参考值：

蛋白质（g）	脂肪（g）	碳水化合物（g）	热量（kcal）
5.91	7.18	12.36	137.7

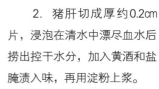
工艺流程

1. 木耳用温水浸泡回软；山药去皮后对半剖开，切成厚约0.2cm的片，用沸水焯水后，捞出沥水。

2. 猪肝切成厚约0.2cm片，浸泡在清水中漂尽血水后捞出控干水分，加入黄酒和盐腌渍入味，再用淀粉上浆。

3. 锅置中火上，下底油，用葱白、姜丝炝锅后放入猪肝爆炒，至猪肝基本成熟，放入山药、木耳、黄酒和高汤烧沸，用盐调和滋味，翻炒均匀后出锅装盆。

小贴士：

山药又称薯蓣、淮山药等。山药以身干、坚实、粗壮肥大、粉性足、色洁白、没有腐烂及枯干情形、无损伤者为佳。山药肉质脆嫩，易折断、多黏液。烹调时，在旺火速成的菜肴中味呈脆嫩；在中小火长时间加热的菜肴中味呈软糯可口。可加工成多种形状，既做主料又做辅料，还是素菜的重要原料。

159

⑬ 蘑菇猪腰羹

烹调方法：烩

选料：

猪腰	30g
蘑菇	10g
娃娃菜	10g
盐	1g
黄酒	2g
葱	3g
生姜	2g
醋	2g
高汤	50 mL
淀粉	4g
花生油	5g

本菜所含主要营养量参考值：

蛋白质（g）	脂肪（g）	碳水化合物（g）	热量（kcal）
6.89	9.56	5.08	133.9

工艺流程

1. 猪腰用斜刀法批成薄片（猪腰需先对半平批开，批干净白色网络状腰臊）浸泡在冷水中，漂尽血水和臊味；蘑菇切成片；娃娃菜切成长约2cm的条状；葱切段；生姜切丝。

2. 猪腰控干水分后加入盐、黄酒和淀粉上浆；娃娃菜用沸水锅焯水后，捞出沥干水分。

3. 锅置中火上，下底油，加热至120℃时用葱白段、姜丝炝锅，加入猪腰爆炒至成熟，出锅待用。

4. 原锅置旺火上，放入蘑菇、娃娃菜、黄酒和高汤烧沸，用醋和盐调和滋味后放入猪腰，再用湿淀粉勾芡，出锅装盆。

小贴士：

猪腰以质脆嫩、浅色为好。用猪腰制作菜肴时要去掉肾髓（即腰臊）；因为猪腰是内脏器官，难免有脏腥气味，所以在用猪腰制作菜肴时，可以放些醋，以去其腥味。同时用猪腰制作菜肴时不要加热过度，否则菜肴质地老。

14 红烧仔排

烹调方法：烧

选料：

猪仔排	60g
香菇干	2g
酱油	3g
黄酒	3g
醋	2g
白糖	1g
葱	2g

本菜所含主要营养量参考值：

蛋白质（g）	脂肪（g）	碳水化合物（g）	热量（kcal）
8.18	10.05	4.30	140.4

工艺流程

1. 将葱切成长约3cm的段，香菇用温水浸泡回软，仔排剁成约3cm见方的块。

2. 锅置中火上，加入仔排、黄酒和水焖烧至仔排成熟，加入香菇烧沸，用酱油和白糖调和滋味，转小火焖烧至仔排酥软，撒上葱段装盆。

小贴士：

此菜中加入醋不仅味呈酸味，透芳香味，而且还能祛腥解腻，增进食欲，帮助消化，同时还可以使肋骨中的钙质分解，有利于人体的消化吸收。醋还具有一定的杀菌和消毒作用。

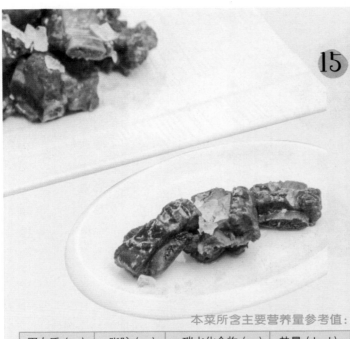

15 冰糖排骨

烹调方法：熘

选料：

猪肋骨	60g
葱	5g
生姜	3g
红腐乳卤	5g
冰糖末	3g
淀粉	2g
醋	2g
黄酒	2g
酱油	2g
菜籽油	5g

本菜所含主要营养量参考值：

蛋白质（g）	脂肪（g）	碳水化合物（g）	热量（kcal）
7.82	15.42	5.72	192.9

工艺流程

1. 仔排加工成长约10cm的段，葱打结，生姜拍裂。

2. 锅中加入水，置旺火上烧开，放入仔排、葱结、姜块、红腐乳卤、酱油和黄酒调和滋味，焖至仔排呈酥烂时捞出冷却。

3. 锅置旺火上，放入大量油，加热至180℃时放入仔排炸30秒，呈金红色时捞出沥油。

4. 另锅置中火上，放入水、酱油、醋和冰糖末调味，用湿淀粉勾芡后倒入排骨，翻拌均匀后出锅装盆，再撒上冰糖末。

16 牛肉粉丝汤

烹调方法：焖

选料：

牛肉	15g
粉丝	8g
葱	2g
姜	2g
酱油	1g
黄酒	1g
玉米油	3g

本菜所含主要营养量参考值：

蛋白质（g）	脂肪（g）
3.21	3.33
碳水化合物（g）	热量（kcal）
7.77	73.9

工艺流程

1. 牛肉横纤维切成长约3cm、宽约3cm、厚约0.3cm的片，粉丝用开水浸泡20分钟至回软，葱切成末，姜切成丝。

2. 牛肉在冷水锅中焯水后，用清水清洗净浮沫，捞出沥干水分。

3. 锅置中火上，下底油，煸炒姜丝、葱白段出香味后放入牛肉、水和黄酒，转小火焖煮30分钟至牛肉熟软，放入粉丝再煮沸，用酱油调和滋味，起锅装入碗中，撒上葱末。

163

水产品类

1 蛤蜊炖蛋

烹调方法：炖

选料：

蛤蜊	25g
鸡蛋液	30g
食盐	0.5g
黄酒	2g
麻油	1g

本菜所含主要营养量参考值：

蛋白质（g）	脂肪（g）	碳水化合物（g）	热量（kcal）
4.37	3.04	0.61	47.28

工艺流程

1. 蛤蜊用淡盐水养3小时，使其吐尽泥沙。

2. 鸡蛋打入碗中，加入食盐和黄酒反复搅拌，使蛋液均匀后再放入蛤蜊。

3. 将蛤蜊和蛋液放入旺火沸水（或蒸箱）中蒸12分钟，待蛋液凝固后浇淋上麻油。

② 芹菜墨鱼丝

烹调方法：炒

选料：

芹菜	30g
墨鱼	40g
香菇（干）	2g
葱	1g
姜末	1g
食盐	0.5g
大蒜头	2g
高汤	50mL
花生油	4g

本菜所含主要营养量参考值：

蛋白质（g）	脂肪（g）	碳水化合物（g）	热量（kcal）
4.68	4.43	2.28	67.7

工艺流程

1. 芹菜切成长约3cm的段，大蒜头加工成末，香菇用温水浸泡回软，墨鱼和香菇都切成筷子粗细的丝。

2. 锅置旺火上，下底油，煸炒蒜末至出香味，放入芹菜、墨鱼丝和高汤烧沸，用盐调和滋味，至芹菜和墨鱼成熟，出锅装盆。

165

③ 白灼基围虾

烹调方法：煮

选料：

基围虾	50g
葱	3g
生姜	2g
酱油	2g
黄酒	2g
玉米油	1g

本菜所含主要营养量参考值：

蛋白质（g）	脂肪（g）	碳水化合物（g）	热量（kcal）
5.5	1.44	1.8	42.2

工艺流程

1. 葱打结，生姜切成片。

2. 锅置旺火上，放入水、葱结、生姜片、黄酒和油，烧沸后放入基围虾，加热至虾成熟后捞出装盘，蘸酱油食用。

小贴士：

"白灼"是粤菜中常用的烹调方法之一，突出粤菜清淡的口味。"灼"是以煮滚的水或汤，将生的食物烫熟，称为"灼"。

④ 牡蛎炒蛋

烹调方法：炒

选料：

牡蛎	20g
鸡蛋液	30g
葱	3g
盐	1g
黄酒	3g
淀粉	2g
花生油	5g

本菜所含主要营养量参考值：

蛋白质（g）	脂肪（g）	碳水化合物（g）	热量（kcal）
4.63	8.58	4.78	114.9

工艺流程

1. 鸡蛋打匀，葱切成段。

2. 蛋液中加入沥干水的牡蛎、葱末、盐、黄酒和湿淀粉，搅拌均匀。

3. 锅置中火上，放入底油，加热至150℃时倒入调匀的蛋液等，翻炒至蛋液凝固后拨散，出锅装盆。

注 牡蛎含水量高，加热时容易失水变老，所以加热时间宜短促。

小贴士：

牡蛎又称蚝、海蛎子等。牡蛎肉质细嫩，味极鲜美，色洁白，营养丰富，有"海中牛奶"之誉。用牡蛎制作菜肴基本不用刀工，适宜炸、汆汤、炒等烹调方法。

167

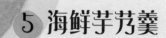

5 海鲜芋芨羹

烹调方法：烩

选料：

虾仁	10g
干贝	5g
花蛤	5g
芋芨	30g
盐	1g
淀粉	2g
葱	3g
生姜	2g
花生油	4g

本菜所含主要营养量参考值：

蛋白质（g）	脂肪（g）	碳水化合物（g）	热量（kcal）
8.28	4.50	6.88	101.1

工艺流程

1. 虾仁用盐和淀粉上浆；干贝加高汤上笼蒸熟，捞出沥水，再碾成细丝；芋芨上蒸笼蒸熟后捣成泥；葱切成葱白、葱末；生姜切成丝。

2. 花蛤放入沸水锅中焯水，至口张开时捞出，剔出肉待用。上浆后的虾仁分散放入沸水中汆熟，捞出沥水。

3. 锅置中火上，下底油，用葱白、姜丝炝锅后放入芋芨泥、虾仁和水烧沸，用盐调和滋味，搅匀后放入花蛤肉，再用湿淀粉勾芡，撒上干贝丝、葱末后出锅装盆。

6 蟹骨浆

烹调方法：炒

选料：

梭子蟹	70g
香干	10g
大白菜梗	15g
豆瓣酱	5g
淀粉	8g
葱	3g
生姜	2g
黄酒	2g
酱油	2g
菜籽油	5g

本菜所含主要营养量参考值：

蛋白质（g）	脂肪（g）
7.68	7.05
碳水化合物（g）	热量（kcal）
7.83	125.5

工艺流程

1. 梭子蟹去脐、包、鳃和脚尖后，剁成宽约2cm的块，大白菜梗和香干切成约1cm见方的块；葱切成末，生姜切成丝。

2. 大白菜放入沸水锅中焯水后，捞出沥水；在蟹块截面均匀地撒上淀粉。

3. 锅至中火上，放入底油，加热到150℃时放入蟹块翻炒，至蟹块基本成熟时放入姜丝、豆瓣酱、黄酒、香干、白菜梗和水烧沸，用酱油调和滋味，再用湿淀粉勾芡，使芡汁和蟹肉包裹均匀，撒上葱末后出锅装盆。

7 萝卜丝烧带鱼

烹调方法：烧

选料：

带鱼	60g
白萝卜	25g
葱	3g
生姜	2g
酱油	3g
黄酒	2g
菜油	5g

本菜所含主要营养量参考值：

蛋白质（g）	脂肪（g）	碳水化合物（g）	热量（kcal）
5.54	6.83	1.43	89.4

工艺流程

1. 带鱼两侧剞上一字型花刀，萝卜切成牙签粗细的丝，葱切成长约4cm的段，生姜切片。

2. 萝卜丝放入沸水锅焯水后，捞出沥干水分。

3. 锅置中火上，放入油加热到180℃，放入带鱼油煎至表层起皱、色呈淡黄色时捞出沥油。

4. 原锅留底油，置中火上，煸香葱白段和姜丝，放入带鱼、萝卜丝、黄酒和水烧沸，加热至带鱼成熟再放入酱油调和滋味，撒上葱段，出锅装盆。

8 清蒸带鱼

烹调方法：蒸

选料：

带鱼　　70g

葱　　　3g

生姜　　2g

盐　　　1g

黄酒　　2g

本菜所含主要营养量参考值：

蛋白质（g）	脂肪（g）	碳水化合物（g）	热量（kcal）
9.3	3.16	0.26	66.7

工艺流程

1. 鱼肉两侧剞一字型花刀，再切成长约6cm的段；葱打结；生姜切片。

2. 带鱼装在盆中用盐、黄酒、生姜和葱结腌渍15分钟，使鱼肉入味。

3. 锅中加水烧沸，带鱼用旺火沸水蒸10～12分钟至成熟，出锅上席。

应用：清蒸鲳鱼、雪菜汁蒸小黄鱼

 小贴士：

　　带鱼又称刀鱼、裙带鱼、鳞刀鱼等。带鱼脂肪含量高，可食部位多，肉多刺少，肉质细嫩肥软，味鲜香。新鲜的带鱼以外表呈银白色，鱼鳃鲜红，鱼肚没有变软破裂，肉质肥厚者为上品。如果表面颜色发黄，有黏液，或肉色发红，属保管不当，是带鱼表面脂肪氧化的表现，是带鱼变质的开始，不宜选用。带鱼宜鲜食，多用蒸、煎、烧、炸等烹调方法。口味上以咸鲜为主，突出带鱼本身的鲜美滋味。

⑨ 香煎带鱼

烹调方法：煎

选料：

带鱼	60g
葱	3g
生姜	2g
黄酒	2g
盐	1g
菜籽油	5g

本菜所含主要营养量参考值：

蛋白质（g）	脂肪（g）	碳水化合物（g）	热量（kcal）
7.98	7.71	0.25	102.3

工艺流程

1、鱼肉两侧剖一字型花刀，再切成长约8—10cm的段；葱打结；生姜切片。

2、鱼肉用盐、黄酒、生姜和葱结腌渍30分钟，使鱼肉入味。

3、锅置中火上，烧热用油滑过，油加热至180℃时放入带鱼煎至两面呈褐黄色，成熟后出锅装盆。

注 防止鱼皮煎时黏在锅底方法请参考红烧鲳鱼。

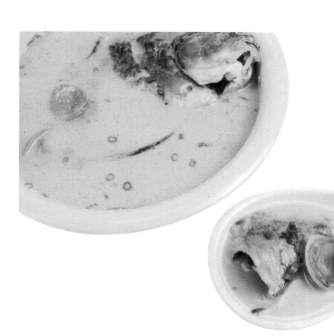

10 蛤蜊鲫鱼汤

烹调方法：煮

选料：

鲫鱼	50g
蛤蜊	30g
葱	3g
生姜	2g
盐	1g
黄酒	2g
猪油	4g

本菜所含主要营养量参考值：

蛋白质（g）	脂肪（g）	碳水化合物（g）	热量（kcal）
7.39	5.01	2.05	82.9

工艺流程

1. 鲫鱼两侧剞一字型花刀，葱打结和切成段，生姜切片。

2. 锅置旺火上，热锅滑油，下底油烧至六成热，将鲫鱼两侧煎成呈微焦黄色时，烹入黄酒，放入葱结、姜片，沸水焖煮，加热至鱼汤成乳白色时捞出葱结、姜片，放入蛤蜊，继续加热至蛤蜊口张开，再用盐调和滋味，出锅装碗。

小贴士：

鲫鱼又称鲋鱼、鲫瓜子、鲫皮子等。鲫鱼生长在我国各地淡水中，四季均产，以春、冬两季肉质较好。鲫鱼体形较小，肉味鲜美，营养价值较高，但刺细小且多。用鲫鱼做菜一般都是整条使用，且最宜用来制汤，以体现其鲜美滋味。

173

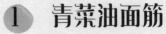

第三节 蔬菜、菌菇类

1 青菜油面筋

烹调方法：炒

选料：

油面筋	5g
青菜	40g
冬笋	30g
食盐	0.5g
高汤	50 mL
玉米油	4g

本菜所含主要营养量参考值：

蛋白质（g）	脂肪（g）
2.96	6.54
碳水化合物（g）	热量（kcal）
3.25	83.7

工艺流程

1. 青菜切成长2cm左右段，冬笋焯水后切成片。

2. 锅置中火上放入底油加热到150℃左右，放入青菜、油面筋、笋片翻炒，加入食盐和高汤待成熟后装盆即可。

② 木耳炒荸荠

烹调方法：炒

选料：

净荸荠	30g
黑木耳（干）2g	
柿子椒	10g
胡萝卜	5g
食盐	0.5g
高汤	50 mL
熟猪油	4g

本菜所含主要营养量参考值：

蛋白质（g）	脂肪（g）	碳水化合物（g）	热量（kcal）
1.28	4.87	5.63	70.9

工艺流程

1. 荸荠、柿子椒和胡萝卜切成片，黑木耳用温水浸发后加工成片。

2. 锅置旺火上，下底油，放入荸荠、柿子椒、胡萝卜、黑木耳、高汤翻炒成熟，用盐调和滋味，再用湿淀粉勾薄芡，出锅装盆。

小贴士：

荸荠又称南荠、马蹄、地栗等。荸荠质地细嫩无渣、甘甜爽口，无其他异味，作为菜肴配料，可与鸡、鱼、肉等原料搭配，也可切成米粒状加入肉丸、虾饼中，以改善口感。荸荠生长在水和烂泥之中，其外皮附着许多细菌和寄生虫卵等，不宜生食。

3 油焖萝卜

烹调方法：焖

选料：

白萝卜	65g
香菇	3g
酱油	5g
白糖	2g
高汤	140mL
熟猪油	4g

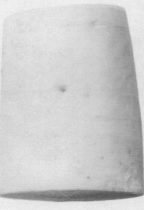

本菜所含主要营养量参考值：

蛋白质（g）	脂肪（g）	碳水化合物（g）	热量（kcal）
2.99	7.02	7.16	103.8

工艺流程

1. 香菇用温水浸泡回软，批成片状。

2. 萝卜切成滚料块，用冷水锅焯水至熟，捞出沥干水分。

3. 锅置旺火上，加萝卜、香菇、高汤、酱油、熟猪油和白砂糖焖烧至萝卜熟软入味，出锅装盘。

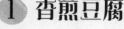

第四节 豆类及制品

1 香煎豆腐

烹调方法：煎

选料：

老豆腐 60g

葱 3g

盐 1g

高汤 50 mL

黄酒 2g

香油 1g

豆油 4g

本菜所含主要营养量参考值：

蛋白质（g）	脂肪（g）	碳水化合物（g）	热量（kcal）
6.91	9.45	2.54	122.9

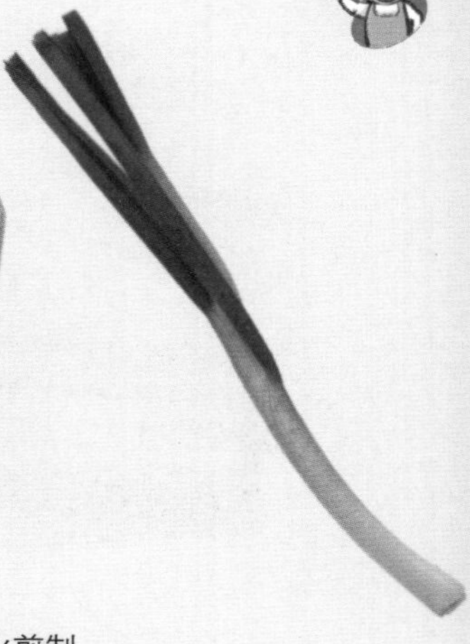

工艺流程

1. 老豆腐加工成边长约4cm见方、厚约1cm的方块，葱切成末。

2. 锅置中火上，烧热用油滑过，加热至150℃时放入豆腐块，煎至豆腐两面呈金黄色时放入高汤烧沸，用黄酒和盐调味，豆腐入味后淋入香油，撒上葱末装盆。

小贴士：

煎菜在操作中，原料成形不宜过大，火力不宜过旺，油量不宜多，以小火煎制为宜。所煎原料的两面均要达到色泽一致、成熟度一致。

主食、点心类

1 苔条炒年糕

选料:

年糕	40g
苔条	5g
盐	0.5g
花生油	2g

本菜所含主要营养量参考值:

蛋白质（g）	脂肪（g）
2.27	18.08
碳水化合物（g）	热量（kcal）
14.74	230.8

工艺流程

1. 苔条撕成细丝，切成长约2cm的段；年糕切成长约5cm、宽约1cm、厚约0.3cm的条。

2. 年糕在温水中浸泡回软，捞出沥水。

3. 锅置小火上，放入底油，加热至约80℃时翻炒苔条成深绿色，出锅待用。

4. 锅置中火上，下底油，放入年糕和盐翻炒，再撒上苔条搅拌均匀，出锅装盆。

2 排骨粥

选料：

猪肋骨	15g
青菜	10g
粳米	15g
盐	0.5g
葱末	1g

本菜所含主要营养量参考值：

蛋白质（g）	脂肪（g）
3.05	2.63

碳水化合物（g）	热量（kcal）
12.09	84.2

工艺流程

1. 青菜加工成细丝。

2. 锅中加入清水、粳米和猪肋骨烧沸，改微火煨至粥稠浓，放入青菜、盐和葱末调味，出锅装碗。

3 带鱼粥

选料:

带鱼	10g
粳米	10g
盐	1g
葱	2g
姜	2g
黄酒	2g

本菜所含主要营养量参考值:

蛋白质（g）	脂肪（g）	碳水化合物（g）	热量（kcal）
2.10	0.54	7.99	45.2

工艺流程

1. 带鱼切成长约8cm的段，加入黄酒、葱结、姜片后，放入蒸笼中蒸熟，剔出鱼骨待用。

2. 锅中加入清水、粳米烧沸，改微火煨至粥稠浓，放入鱼肉和姜末，用盐调和滋味后烧沸，撒葱花后出锅装盆。

4 核桃黑米粥

选料：

核桃仁	8g
黑米	5g
糯米	10g
白糖	6g

本菜所含主要营养量参考值：

蛋白质（g）	脂肪（g）	碳水化合物（g）	热量（kcal）
2.51	4.9	17.86	125.6

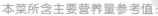

工艺流程

1. 核桃仁在微波炉中加热成熟，切成小粒状。

2. 黑米、糯米加水熬成浓稠的米粥，加白糖调和滋味，装碗后放上核桃粒。

小贴士：

核桃又称胡桃、羌桃、羌果等，与扁桃、腰果、榛子并称为世界著名的"四大干果"。核桃是烹饪中常用的干果原料，其桃仁分干、鲜两种，鲜者一般宜做各种热菜，如"桃仁鸡丁"等，干者一般是做馅心、甜菜等。

5 烤甘薯

选料：

甘薯	60g
炼乳	10g

本菜所含主要营养量参考值：

蛋白质（g）	脂肪（g）	碳水化合物（g）	热量（kcal）
1.45	0.99	19.26	91.8

工艺流程

甘薯清洗干净，放入温度在200℃的烘箱中烘烤至甘薯成熟，蘸炼乳食用即可。

小贴士：

甘薯又名山芋、番薯、红薯、白薯、地瓜等。甘薯食用方法多样，在菜肴制作中可作甜菜，如"蜜汁红薯"等。甘薯含有大量的淀粉，糖分多，味甜。

6 酥皮蛋挞

选料：（以20只计）

胚料：

面粉	140g
熟猪油	20g
蛋液	50mL
绵白糖	10g
柠檬黄色素	0.1g
冷水	15mL

酥心：

面粉	160g
黄油	40g
熟猪油	130g

馅料：

蛋液	120mL
冷水	110mL
白糖	95g
吉士粉	4g

辅料：

色拉油	20mL

本级所含主要营养量参考值：

蛋白质（g）	脂肪（g）	碳水化合物（g）	热量（kcal）
53.96	194.47	324.8	3265.3

（注：人均热量约为163.3kcal）

工艺流程

1. 馅心调制：鸡蛋液与水、白糖、吉士粉调匀，过筛。

（注）按用料配方准确称量；馅料一定要调匀至没有颗粒。

2. 面团调制：

蛋面皮调制：面粉中加入熟猪油、蛋液、白糖、冷水、黄色素调制成面皮，稍醒。

（注）按用料配方准确称量；酥心面团要擦透、蛋面皮要搋搋上劲；根据室温调整用料比例，此处是冬季比例。

3. 生胚成形：将蛋面皮面团擀成与酥心一样宽、双倍长的面皮，再将酥心放在蛋面皮的一端，将另一端面皮盖于其上，将上下蛋面皮的边捏拢后封好口，再用面杖将酥皮敲软，擀成长方形薄皮，由两头向中间横向叠成四层。如此重复再叠一次对折，擀成正方形薄皮，用菊花套模刻出圆皮。在菊花盏中抹上油，放入一块圆皮，用两手的拇指将盏的底部按薄，使圆皮边与盏口平齐，放入烤盘，加入馅料（蛋挞水）至盏八成满即成生胚。

（注）酥心要有一定的硬度；擀皮时要注意保持搋纹路的规则；分胚之前酥皮要有一定硬度；生胚成菊花盏形。

4. 生胚熟制：将烤盘放入面火220℃、底火200℃的烤箱烤制11分钟，馅心饱满，酥皮金黄即可取出，装盘。

（注）烤制的温度要高、时间要短，馅心要饱满；烤成金黄色菊花盏。

专业术语

高汤： 由富含蛋白质、脂肪等的动物性原料（如老母鸡、猪骨等）加水、葱、姜、酒等，加热2~3小时熬煮的汤汁。滋味鲜美、醇厚，常用于菜肴提鲜。

焯水： 原料放在冷水、沸水等水锅中加热，去除原料中含有的涩味、膻味、腥味，以及调整不同性质原料加热时间，使其同时成熟。

勾芡： 在菜肴接近成熟时，在锅中投入淀粉汁，使原料、汤汁相互黏附在一起。

油温：油加热时的温度。行业中把油温分为低油温、中油温、高油温三个油温段。实际操作中一般靠目测的方法来判断油温。把油温按"成"来划分，每成约30℃。

低油温： 三四成热，温度约在90~120℃，直观特征为油面无青烟、平静，当原料入锅时，原料周围出现少量气泡。适合于滑油操作，如炸腰果、花生米等脱水原料。

中油温： 五六成热，温度约在130~180℃，直观特征为油面微有青烟生成，油气泡从四周向中间徐徐翻动，浸炸原料时原料周围出现大量气泡，并有轻微的爆响声出现。适合于走油操作，如椒盐排骨、虎皮蛋的油炸处理。

高油温： 七八成热，温度约在190~240℃，直观特征是油面青烟四起，油从锅中间向上翻动，用手勺搅动时有响声，浸炸原料时出现大量气泡翻滚并伴有爆裂声。只适合于少数菜肴，如跑蛋、炸油条等。

拍粉： 原料截面粘裹上一层干面粉或淀粉，加热时原料表面干粉先形成外壳，能保护原料内的营养成分和水不流失。

初步熟处理： 是根据成品菜肴的烹制要求，在正式烹调前用水、油、蒸汽等传热介质对初加工后的烹饪原料进行加热，使其达到半熟或刚熟状态的加工过程。

热锅滑油：为防止鱼皮、猪肉等动物性原料加热时出现粘锅底现象，采取先把锅底烧热，再用油荡锅底，让部分油能渗入锅底，使传热方式由传导改为对流，避免了粘锅底现象出现。

炒：是将刀工成形的主料上浆（或不上浆）后，用底油或滑油或滑沸水加热至五至七成熟时，捞出主料沥油或沥水，再放入配料和调料，快速翻炒成菜的烹调方法。炒制法适用于各种烹饪原料。

炒菜具有味型多样、质感或软嫩或脆嫩或干酥、芡汁较少的特点。炒菜种类有滑炒、生炒、熟炒、干炒、清炒等。凡主料要求上浆时，上浆要做到搅拌上劲，且淀粉层不宜过厚。主料用油或沸水滑制时以刚熟为度，捞出沥油或沥水，再放入辅料后浇淋入少量芡汁。

炒类菜肴应根据种类的不同来灵活运用火候，防止主料因失水过多而造成肉质变老。

炸：是将经过加工后的烹饪原料，放入具有一定温度的多量油中，使其成熟的烹调方法。用这种方法是先将原料加工成形，炸制前一般使用调料腌渍，然后挂糊（也有不挂糊），再用不同温度的油炸制成熟。食用时需带辅助调料上席。制品具有香、酥、脆、嫩、软等特点。操作时应根据原料的大小，调控油温及灵活掌握火候，视原料含水量的多少来调制糊的稀稠，以使菜肴成品达到要求。

烩：是将小型的主料经上浆（或不上浆）及滑油（或不滑油）后放入用调料炝锅（或不炝锅）的汤汁中，用旺火烧沸并迅速勾匀汤芡的烹调方法。烩菜具有汤料各半、汤汁微稠、口味鲜浓、质感软嫩或脆嫩的特点。

蒸：是将经加工、调味的主料，利用蒸汽传热使其成熟的烹调方法。蒸菜具有水分丰富、质感软烂或软嫩、形态完整、原汁原味的特点。

煮：是将主料（有的用生料，有的是经过初步熟处理的半成品）先用旺火烧沸，再用中、小火煮熟的一种烹调方法。煮菜具有菜汤合一、汤汁鲜醇、质感软嫩的特点。

汆：是将小型上浆或不上浆的主料放入多量的、不同温度的水中，运用中火或旺火短时间加热至熟，再放入调料，使成菜的汤多于主料几倍的烹调方法。汆菜具有加热时间短、汤宽不勾芡、清香味醇、质感软嫩的特点。

185

熘：是将主料经油炸或滑油后，再将烹制好的芡汁浇淋在主料上，或把主料放入芡汁中快速翻拌均匀成菜的烹调方法。熘菜具有酥脆或软嫩，味型多样的特点。

烧：是将刀工成形的主料经初步熟处理后，放入有调料、汤（或水）的锅中，用中、小火烧透入味收汁或勾芡成菜的烹调方法。烧菜具有味型多样、质感软嫩的特点。

烧菜种类有加红色调味品（酱油等）红烧、加白色调味品（盐）白烧、把卤汁烧干的干烧等。红烧时对主料进行初步熟处理（炸、煎、煸炒等），但不可上色过重，否则会影响成品色泽；用酱油、糖色调色时，不可一次下足，以防颜色过深；用汤（或水）要适当，汤多则味淡，汤少则主料不易烧透；忌用大火猛烧；勾芡浓度不宜过稠，以既能挂住主料，又呈流溅状态分布为宜。

炖：是将主料加汤水和调料，先用旺火烧沸后，用中、小火长时间（2小时左右）烧煮至主料软烂成菜的烹调方法。炖菜所选用的动物性原料一般都要焯水，一定使原料内部的血质析出，才能保证炖制后的汤汁的清澈、鲜醇。炖菜有汤菜合一、原汤原味、滋味醇厚、质感软烂的特点。

焖：是将加工和初步熟处理的主、配料，以较多的汤水调味后，用中、小火较长时间烧煨，使主、配料酥烂入味的烹调方法。制品具有汤汁浓稠、质感软烂、口味醇厚的特点。

参考文献：

［1］李刚，王月智. 中式烹调技艺【M】.北京：高等教育出版社，2011.

［2］孙一慰. 烹饪原料知识【M】.北京：高等教育出版社，2010.

［3］朱在勤. 苏式面点制作工艺【M】.北京：中国轻工业出版社，2012.

［4］劳动和社会保障部中国就业培训技术指导中心，劳动和社会保障部教育培训中心组织编写. 营养配餐员【M】.北京：中国劳动社会保障出版社，2003.

［5］张滨. 营养配餐与设计【M】.北京：中国环境科学出版社，2009.

［6］屠杭平. 欧洲名菜【Z】.

菜谱索引

春 季

夏　季

秋　季

冬 季